# 商用航空发动机工程师能力培养

## Ability Cultivation of Commercial Aviation Engine Engineers

杜 辉 等著

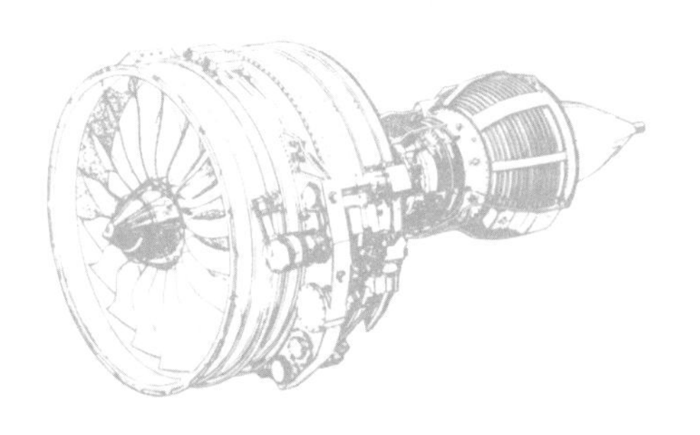

上海交通大学出版社
SHANGHAI JIAO TONG UNIVERSITY PRESS

**内容提要**

本书主要从商用航空发动机工程师能力培养和素质提升角度，系统介绍卓越工程师需要具备的三大能力(系统思维及系统工程能力、项目管理能力、持续学习和创新能力)和两大意识(竞争意识、质量意识)，目的是为商用航空发动机工程师补充职业化知识，帮助其快速成长。全书分八章，简要地介绍了系统思维方法、面向商用航空发动机的系统工程方法、面向商用航空发动机的项目管理、持续学习和创新思维能力、竞争意识与质量意识的养成，以及如何撰写报告。本书适合在校工科大学生、商用航空发动机等高端制造业工程师，以及对该领域感兴趣的读者使用。

**图书在版编目(CIP)数据**

商用航空发动机工程师能力培养／杜辉等著. -- 上海：上海交通大学出版社，2024.8
ISBN 978-7-313-29677-1

Ⅰ. ①商… Ⅱ. ①杜… Ⅲ. ①航空发动机 Ⅳ. ①V23

中国国家版本馆 CIP 数据核字(2023)第 203279 号

**商用航空发动机工程师能力培养**
SHANGYONG HANGKONG FADONGJI GONGCHENGSHI NENGLI PEIYANG

著　　者：杜　辉　等
出版发行：上海交通大学出版社　　地　　址：上海市番禺路 951 号
邮政编码：200030　　电　　话：021-64071208
印　　制：上海颛辉印刷厂有限公司　　经　　销：全国新华书店
开　　本：710 mm×1000 mm　1/16　　印　　张：10.5
字　　数：135 千字
版　　次：2024 年 8 月第 1 版　　印　　次：2024 年 8 月第 1 次印刷
书　　号：ISBN 978-7-313-29677-1
定　　价：68.00 元

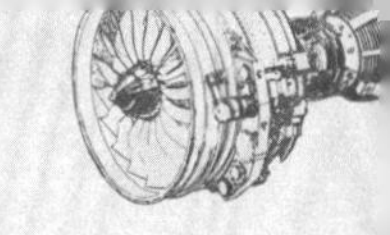

# 序

商用航空发动机研制是一项复杂的系统工程,具有高投入、高风险、市场竞争残酷、技术挑战大等典型特征,是国家科技实力和创新能力的重要体现。目前,只有欧美少数国家实现了航空发动机的产品成功和商业成功。中国航发商用航空发动机有限责任公司作为国产商用大涵道比涡扇发动机的总设计师单位和总承制商单位,自成立以来便承担国家重大使命,加快航空发动机自主研制,让国产大飞机早日装上"中国心"是每位商发人的责任与担当。

人才培养是支撑航空发动机自主研制的重中之重的事项,加快商用航空发动机自主创新发展,必须把人才培养,尤其是卓越工程师培养摆在重要的位置。先进航空发动机的研制难度极大,体现在产品研制所需要的知识复杂性、主体复杂性、集成复杂性等多个方面,要求工程师不仅要有扎实的专业技术,还需要有建立工程化的能力。对于刚从高校进入企业从事商用航空发动机研制的年轻工程师,如何快速提升工程化能力,除了在项目中学深悟透之外,也迫切需要一套指导方法,帮助年轻工程师快速从科研思维转化到工程思维,进而提高综合素质能力。

本书结合商用航空发动机研制特点和规律,提炼了航空发动机工程师需要具备的三大核心能力和两大意识,从系统思维方法、面向商用航空发动机的系统工程方法、面向商用航空发动机的复杂项目管理、持续学习与创新能力,以及竞争意识与质量意识的培养等方面系统阐述了商用航空发动机工程师必备的基本技能，具有较强实用性和实操性，可为在校工科大学生、商用航空发动机等高端制造业年轻工程师，以及从事复杂系统工程研究的科研工作者和实践者提供启发和帮助。因此，我愿向年轻读者们推荐这本书，共同提升相关从业者的能力，创造更加美好的未来。

（李军　中国航发商用航空发动机有限责任公司党委书记、董事长）

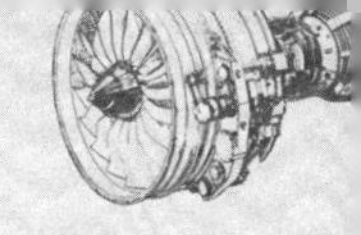

# 前　言

商用航空发动机被誉为“现代工业皇冠上的明珠”，其产业发展是一个国家工业基础、科技水平和综合国力的重要体现。在商用航空发动机领域，全球市场经过近百年的发展，只有少数几个国家的少数几家公司掌握着商用航空发动机的核心技术。开发商用航空发动机这类高精尖的产品，工程师的能力和水平至关重要。如何快速地培养优秀的商用航空发动机工程师，一直是行业内讨论的问题。

作为一名从业30余年的航空发动机工程师，笔者一直思索从学生到工程师还需要什么样的知识补充。通过日常调研和自我成长经历的反思，笔者认为如下三种能力和两种意识对于提高工程师能力具有显著的作用：系统思维及系统工程能力、项目管理能力、持续学习和创新思维能力，以及竞争意识、质量意识。要想掌握上述三种能力、两种意识不是一件容易的事情。为了能把这些浅薄的见解表达出来，笔者多年来就有一个想法，写一本帮助年轻工程师快速成长的读物。在上海市领军人才项目的资助下，本书得以出版。

本书主要内容如下：

(1) 系统思维及系统工程能力培养方面，介绍什么是系统思维及系统工程，以商用航空发动机领域的实践为例，简要介绍了一种系统工程方法。

(2) 项目管理能力培养方面，介绍了如何培养项目管理能力，以商用航空发动机领域的实践为例，简要介绍项目管理的流程、方法、工具等。

(3) 持续学习和创新思维能力培养方面，通过对企业入职多年员工行为差异性分析，阐述了进行持续学习和创新思维的必要性，并给出部分推荐的方法。

(4) 竞争意识的养成方面，针对商用航空发动机工程师面临的升职加薪的竞争困惑和压力，主要讲述如何获取知识、如何综合知识、如何快速建立竞争优势，阐述竞争优势产生的方法和技巧。

(5) 质量意识的养成方面，简要介绍全面质量管理基本理论和方法，将质量术语转化为工程师可以理解的语言和方法，提高工程师对质量管理的认知和理解，增强工程师的质量责任感，引导工程师有意识地按照流程和管理规定做事，确保业务过程符合质量要求。

(6) 如何撰写报告章节，简要介绍项目建议书、项目总结报告、项目汇报 PPT 的作用和意义，讲述如何构思和撰写项目建议书、项目报告和项目汇报 PPT，并给出一些常用建议书、报告或汇报 PPT 撰写的方法技巧。

本书由杜辉牵头负责全书的整体策划和审校，在全书的撰写过程中，侯乃先(第 6 章和第 8 章)、孙杨慧(第 1 章～第 4 章)、柴象海(第 5 章)、路泰和刘小燕(第 7 章)对全书的撰写付出了大量的心血，郑加来和杨小芳编辑在本书的出版过程中做了大量的编辑工作，在此表示衷心的感谢。本书的出版得益于中共上海市委组织部、上海市人力资源和社会保障局发起的上海领军人才项目经费的支持，在此一并表示感谢。

本书的初衷是为即将走入职场的大学生或新参加工作的工程师提供方法和知识，但写作过程中发现笔者水平还不足以把所有问题阐述清楚，书中难免有些不妥或者错误之处，敬请读者谅解。

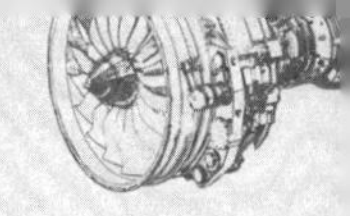

# 目　录

# 第1章

# 概　述

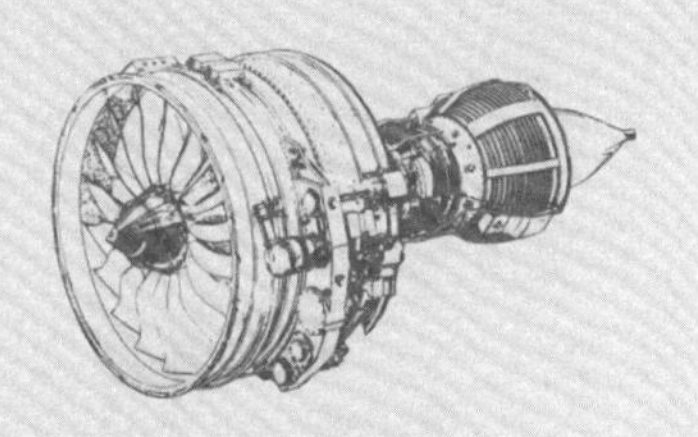

商用航空发动机是一个准入门槛极高的行业，在全球范围内呈现出典型的寡头垄断的市场格局。目前能够独立研发大推力商用航空发动机的国家主要有美国、英国和法国。商用航空发动机产品研制周期长、研发费用投入大、技术门槛高（涉及工程热物理、控制、机械、材料、力学等多个学科），研制商用航空发动机产品是一项跨学科、跨专业、跨领域并需要多单位高度协同的复杂系统工程。

商用航空发动机是多学科耦合的高度集成复杂系统，需要在高温、高压、高转速和高载荷的严苛条件下工作，并满足推力大、重量轻、可靠性高、安全性好、寿命长、油耗低、噪声小、排污少等十分苛刻的要求。一台现代商用航空发动机拥有上万个零部件，要用轻质、高温、高强度的特殊材料制造，加工精度要求可达到微米量级。例如，高性能压气机叶片不仅要薄，还要有弯、扭、掠的造型来满足高性能需求，高速旋转时要长时间承受相当于自身重量 2 万倍的离心力；机匣要长时间承受 50～60 个大气压且不能变形和损坏；涡轮叶片要承受的气流温度高达 2 000～2 200 K，已远超过其金属材料的熔点，还要在 1 万～2 万转/分钟的条件下长时间可靠地工作；燃烧室的气流速度高达 20 m/s（相当于 8 级大风），要求燃烧稳定，出口流场均匀，效率达 99%以上。商用航空发动机的研制，一直是在挑战工程技术的极限。正如美国《国家关键技术计划》所描述的：这是一个技术，精深得使新手难以进入的领域，它需要国家充分保护并利用该领域的成果，需要长期数据和经验的积累以及国家的大量投资。

研制商用航空发动机需要企业具备优异的系统工程管理和项目管理能力。下面结合权威机构的定义和工程实践理解，简要阐述系统与系统工程、系统工程与系统思维、系统工程与项目管理的关系，帮助大家厘清几个概念。

## 1.1 系统与系统工程

系统是由相互作用和相互依赖的若干要素结合而成的、具有特定功能的有机整体。这些要素包括产品(如硬件、软件和软硬件合成体)、流程、人员、信息、技术、设施、服务和其他支持要素。对于复杂系统而言,每个系统本身又是它所从属的一个更大系统的组成部分。系统的组成部分称为该系统的子系统或要素。

系统的复杂性主要体现在如下方面:

(1) 构成系统的要素本身就是一个系统,即系统是多层次的。

(2) 系统涉及的要素是多维的。

(3) 系统可以是包含人在内的人机系统。

第二次世界大战以后,为满足社会化大生产和复杂的科学技术体系的需要,人们逐步把自然科学与社会科学中的某些理论、策略和方法联系起来,应用现代数学和电子计算机等工具,解决复杂系统的组织、管理与控制问题,以达到最优设计、最优控制和最优管理的目标,形成了系统工程这一学科。在制造业领域,系统工程研究对象一般指人造系统。国际系统工程协会(International Council on Systems Engineering, INCOSE)在《系统工程手册》中给出的系统工程定义为:系统工程(system engineering, SE)是一种使系统能成功实现的跨学科的方法和手段。系统工程专注于:在开发的早期阶段,就定义客户需求与所要求的功能,将需求文档化;然后进行面向系统实现所有问题(如运行、成本与进度、系统性能、培训与支持、测试、制造和退出)的综合设计和系统确认。系统工程以提供满足用户需求的高质量产品或服务为目的,同时考虑所有用户的业务和技术需求。

系统工程是一门高度综合的工程管理技术,但它与机械工程、电子工程、水利工程等其他工程学的某些性质不尽相同。上述各门工程学都有其特定的工程物质对象，而系统工程则不然，任何一种人造系统都能成为它的研究对象。广义的系统工程还可以包括自然系统、社会经济系统、经营管理系统、军事指挥系统等领域的系统工程。

系统工程的主要特点如下：

(1) 研究一般采用先定义整体框架、后开展详细设计的程序，以及先开展系统的逻辑思维和总体设计、后开展各子系统或具体问题研究的方式。

(2) 系统工程方法是以系统整体功能最佳为目标，通过对系统的综合分析以及系统的架构设计来使之达到整体最优。

(3) 强调系统与其工作环境的融合、近期利益与长远利益相结合、社会效益与生态效益及经济效益相结合。

(4) 强调多学科协作，根据研究问题涉及的学科和专业范围，鼓励建立联合研发团队。

(5) 各类人造系统的问题均可以采用系统工程的方法来研究，系统工程方法具有广泛的适用性。

商用航空发动机研制是一项复杂的系统工程。面对系统的复杂性，需基于系统思维，从商用航空发动机全生命周期视角、以严谨的结构化方法理解系统带给我们的问题域，并以科学化的流程构建解决域，通过迭代寻优的方式找到全局最优解。

## 1.2 系统工程与系统思维

系统思维或者系统思考(system thinking)是把认识对象作为系统，从系统和要素、要素和要素、系统和环境的相互联系、相互作用中综合地考察并认识对象的一种思维方法。它将面对的问题视为整个系统的组成部分，并考虑问题对其环境以及其他系统要素的潜在影响，而不仅是对特定部分结果或事件作出反应。系统思维是整体性的思维，能够帮助系统开发者或者管理者以整体的视角去认识、处理和管理复杂性问题，避免只顾眼前利益带来的片面性。

系统工程需要用系统思维解决复杂系统的功能涌现性和非确定性，是系统工程师必须具备的一种解决问题的思维方法。系统思维的产生和发展与系统工程的实践密切相关。

系统工程在各个领域的应用实践中，从意识形态上提高了以系统思维解决复杂问题的自觉性，更加注重工作的整体性以及处理好各个元素的关系。在系统工程实践中，越来越重视系统策划能力、总体设计和多维度的权衡决策能力，这些都充分体现了系统思维在实施系统工程中的作用，其本质就是用系统思维方法处理要素与要素关系、要素与全局关系、系统与其环境关系。因此，系统工程与系统思维是一对孪生体，在解决复杂问题时用系统思维去思考问题、用系统工程方法去解决问题。

## 1.3 系统工程与项目管理

项目是为创造独特的产品、服务或成果而进行的阶段性工作。工程项目的实施需要开展两类工作，一类是技术工作，表现为工程活动，如需求分析、方案设计、加工制造、集成和装配、试验与测试等；另一类是管理工作，是为组织研制活动而开展的计划、组织、协调和控制工作，如制订各类工作计划以监控项目成本和进度、实施采购、组建和管理项目团队等。

几乎所有人造系统都是通过集成多个专业的技术活动而实现的。系统工程侧重于对系统总体问题（即系统构成要素、结构、信息交换和反馈机制等）的研究，一方面从需求及系统约束条件出发，经过权衡和综合得到了系统架构和各层级功能、性能要求；另一方面从部件、子系统到系统逐级集成并验证，最终得到满足用户需求的产品。

此外，系统工程工作还包括管理工作，在复杂系统研制过程中会集成成千上万甚至更多的部件和元器件，历经由多个阶段组成的生命周期，这就需要来自不同专业的团队高效协作。总体技术活动的有序开展，离不开高效的管理工作，如研制工作计划制订、需求管理、技术风险控制、构型管理等。

系统工程中的管理活动可视为项目管理的一部分，是项目管理中的技术管理，如图1-1所示。一方面，项目管理中的进度管理、经费管理、质量管理和利益攸关方的管理等是系统工程中定义用户需求、确定系统架构、开展技术评审和决策、开展验证和确认等技术活动与管理活动的输入及约束条件；另一方面，系统工程则从技术管理层面提出了对项目人力资源管理、采购管理、沟通管理等方面的具体要求。

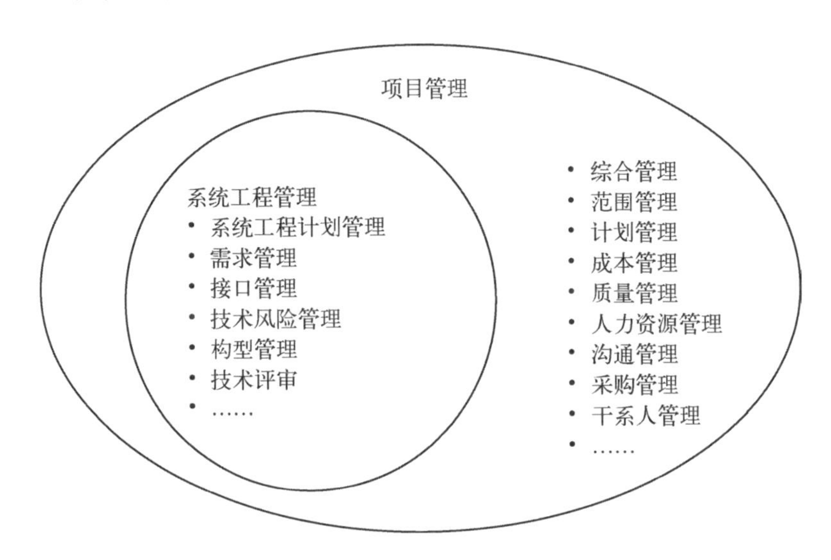


图1-1 系统工程管理与项目管理的关系

## 1.4 商用航空发动机研制迫切需要建立系统工程能力

商用航空发动机的研发与其他工程项目相比有其鲜明的特点，体现在系统复杂性高、研制周期长、投入经费大、研发组织庞大等方面。从国外商用航空发动机主制造商的实践经验来看，系统工程方法在缩短项目周期、提高产品质量等方面都产生了显著的效果，是一套科学、有效的方法，因此，国外各商用航空发动机主制造商将系统工程能力作为员工的一项核心能力进行培养和提升。我国商用航空发动机要实现自主研制，非常迫切地需要将系统工程方法与我们的研发环境相结合，形成一套可落地、可实操的系统工程方法体系。

商用航空发动机企业人员的系统工程能力要求框架如图 1-2 所示，该框架需求可作为工程师能力培养及评价的参考。

| | 项目工程主管 | 外场试验人员 | 系统工程师 | 开发项目主管 | 功能工程主管 | 性能/流体/气动 | 设计工程主管 | 系统设计主管 | 开发工程师主管 | 开发工程师 | 服务工程主管 | 服务工程师 |
|---|---|---|---|---|---|---|---|---|---|---|---|---|
| 系统思维 | 3 | 4 | 4 | 3 | 3 | 3 | 3 | 3 | 3 | 3 | 3 | 2 |
| 系统运维和对顾客的理解 | 4 | 4 | 4 | 3 | 4 | 2 | 3 | 2 | 2 | 2 | 4 | 3 |
| 确定和管理需求 | 2 | 1 | 4 | 3 | 3 | 2 | 3 | 3 | 3 | 3 | 3 | 2 |
| 技术项目的项目领导力 | 2 | 1 | 3 | 4 | 2 | 2 | 3 | 2 | 3 | 3 | 2 | 2 |
| 系统架构 | 2 | 2 | 3 | 1 | 4 | 3 | 4 | 3 | 2 | 1 | 3 | 2 |
| 功能/属性分析和建模 | 2 | 1 | 2 | 2 | 4 | 3 | 3 | 2 | 1 | 1 | 3 | 2 |
| 对涌现特性的管理 | 3 | 1 | 3 | 3 | 4 | 2 | 4 | 3 | 2 | 2 | 4 | |
| 系统定义和稳健性 | 2 | 2 | 2 | 1 | 4 | 3 | 4 | 3 | 2 | 1 | 3 | 2 |
| 接口管理 | 3 | 1 | 3 | 3 | 4 | 3 | 4 | 3 | 3 | 2 | 3 | 3 |
| 验证 | 2 | 2 | 2 | 2 | 3 | 3 | 3 | 2 | 4 | 4 | 2 | 2 |
| 系统移交和运行支持 | 3 | 3 | 3 | 2 | 3 | 2 | 2 | 2 | 3 | 3 | 4 | 3 |

| 等级 | 含义 |
|---|---|
| 1 | 知晓者 |
| 2 | 受指导者 |
| 3 | 实践者 |
| 4 | 专家 |

**图 1-2　典型商用航空发动机企业的系统工程能力要求框架**

1）发展和提升系统工程能力，是保障产品成功的内在要求

系统工程作为一门学科，有别于气动、结构、机械、电子等工程学科

的地方在于：

(1) 系统工程特别注重解决系统的整体问题。即不仅关注系统本身，也关注系统与其他系统和环境的相互作用；不仅关注系统本身的工程设计和实现，也关注那些制约设计和实现的外部因素。

(2) 系统工程方法是对传统项目管理方法的补充。在系统工程中的技术管理方法是项目管理的重要组成部分，也是技术与项目管理之间重要的桥梁。它可以帮助管理人员在项目实施中更科学地权衡技术、时间和成本，并找到最佳的平衡点。

2) 发展和提升系统工程能力，是满足适航标准的内在要求

适航指航空器能在预期的环境中安全飞行的固有品质。在民用航空产业发展的百年之中，从保障公众安全和利益的角度出发，形成了完善的、具有强制性的适航法规和技术要求，也形成了完整的适航管理模式和机制。当前，民用航空适航管理覆盖民用航空产品设计、制造、维修和使用全过程，通过立法、颁证和监督检查等手段对涉及航空安全的所有方面进行认定和持续监控。其中，针对民用航空产品设计和制造，不再局限于产品本身的适航审定，还会对航空企业资质和设计能力进行审查。

我国对民用航空企业的能力和资格也有相应规定。例如，民用航空规章《民用航空产品和零部件合格审定的规定(CCAR－21)》第21.13条“型号合格证和型号设计批准书申请人的资格”中规定：具有民用航空产品设计能力的法人具备申请型号合格证或者型号设计批准书的资格。商用航空发动机主制造商是否具备适航标准中要求的设计能力也是审定方批准型号设计的必要条件，而设计能力主要体现在正向的产品研发与管理复杂项目的能力。因此，提高系统工程能力与复杂项目的管理能力是企业满足适航标准的内在要求。

3) 发展和提升系统工程能力，是遵循产业发展规律的内在要求

在商用飞机及系统研发的行业标准中，以美国汽车工程师协会

(Society of Automotive Engineers, SAE)颁布的《民用飞机及系统研发指南》(SAE ARP 4754A)最为典型,该标准阐述了研制民用飞机和系统的过程。以该标准为核心,派生出多份标准,如针对系统安全性的SAE ARP 4761标准、针对机载软硬件研发的DO-178标准以及机载电子硬件研发DO-254标准等,这些标准不仅是工业方最佳实践的归纳,也是适航取证的重要参考依据。

SAE ARP 4754A标准被认为是航空领域应用系统工程方法的最佳实践,阐述了基于"V"模型的产品正向研发的过程,并将航空器安全特性融入设计研发的各个环节,保证了产品的最低安全性要求。该标准不仅可以指导航空器的研制,也可作为表明复杂系统对适航要求符合性的方法之一。

综上所述,系统工程是航空业经过百年的发展实践归纳出来的且对复杂产品研发有很强指导意义的方法体系,建立系统工程能力是复杂系统研制需要具备的能力之一。

## 1.5 本章小结

航空发动机是高度集成的复杂系统,发动机的研制过程是一项跨学科、跨专业且需要多场所高度协同的复杂工程,而系统工程所涵盖的能力正是这类复杂系统研制需要具备的基本能力。

本章先从概念入手,帮助读者厘清系统与系统工程、系统工程与系统思维以及系统工程与项目管理的关系,接着从航空发动机的研制特点出发,阐述了复杂产品研制为什么需要建立系统工程能力,帮助读者理解系统工程的重要性。

# 第2章

# 系统思维方法

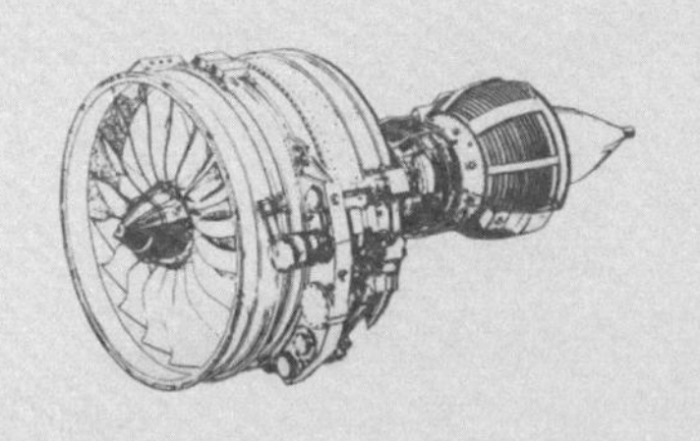

从不同的视角看，人的思维方式有多种，如发散思维、水平思维、收敛思维、系统思维等。发散思维指大脑天马行空、四处发散的一种思维方式，头脑风暴、思维导图、发散联想等都属于发散思维。水平思维指从多个方面看待同一个事物的思维方式。一件事情，我们既要看到好的地方，又要看到不好的地方，这就是水平思维的一种典型方式，如六顶思考帽、批判性思维、逆向思考等其实都属于水平思维。收敛思维是一种聚焦的思维方式，归纳和演绎是收敛思维最核心的两种思考方式，如金字塔原理、结构化思维等就属于收敛思维。系统思维是以系统论为基础的高级思维方式，也是我们最值得花时间去掌握的一种思维方式。针对商用航空发动机的研发，我们追求的是整体最优而非局部最优，这种整体观正是系统思维的主要特征。系统思维可以帮助我们从整体目标出发找到问题的本质，从整体角度实现最优解。

下文将详细介绍系统思维的典型特征、系统思维的培养及系统思维的方法。

## 2.1 系统思维的典型特征

系统思维是系统工程方法的基础。系统思维的产生和发展与系统科学的发展息息相关。20 世纪中叶以后，在科学领域的发展中涌现了一批系统理论，如一般系统论、耗散结构理论、协同论、控制论、信息论、社会系统论等。他们在探索和实践的过程中，不断应用系统科学思维方法，也不断地创新和发展系统思维方法。系统思维主要有以下典型特征：

(1) 整体性。系统思维的整体性是建立在系统固有的结构整体性、功能整体性以及二者共同构成的系统整体性的客观现实基础上的。整体性就是全面考虑问题、发挥整体优势、达到整体最优。整体性是系统的本质属性，它不是机械地简单相加，而是有机的相互联系和相互作用，以及各个过程相互影响的系统整体。

系统思维强调事物是由多要素构成的，系统的整体性不仅取决于内部要素之间的关系，而且与系统所处的环境和时态有密切联系。强调系统的整体原则，必将会加速旧事物的解体，促进新事物的整体优化，寻找最合理的结构，达到最佳的整体效益。

(2) 演化性。演化性作为系统思维方法的一个重要原则，在系统发展过程中具有不可逆性。系统的演化是代表系统总的发展趋势，是波浪式前进的、螺旋式上升的，是系统物质在某种层次上的转化。

(3) 有序性。有序性作为系统思维方法的核心，是建立在系统整体性、演化性及其相互作用所形成的系统分歧性等各种作用因素的基础之上的。有序性可理解为协调关系，保持稳定和对结构的整体优化。任何一个系统都是有序的，都有自己相对稳定的结构，在系统发展中追求保持系统内部的相对稳定。内部元素间的关系越协调系统的整体性就越明显。有序性原则要求我们按照系统的实际演化过程或发展趋势不断调整最优目标，促使系统对象不断满足越来越多的需求，并保持持续发展的趋势。要在实践中把握好系统思维有序性原则，关键在于认识有序的客观性、相对性和条件性。只有密切注重有序的客观性、相对性和条件性，系统的整体功能才能得到最大限度发挥。

## 2.2 系统思维的培养

单向思维是人的本性之一，要想做到总揽全局，需要基本的思维训练。思考是一种能力，就像下象棋要“多想几步”，恰恰这“多想几步”，体现了思考的力量。我们需要充分考虑己方的“落子”和对方可能的反应，这就是系统思维。系统思维并非新概念，“天人合一、福祸相生、相生相克”等中国古代的哲学思维本质上是一种整体论，闪耀着系统思维的智慧。

不同时期对系统思维的要求并不一样。世界经济论坛发布的白皮书《未来的工作：大语言模型和工作》提出，面临第四次工业革命的浪潮，人类最需要十大技能，排在首位的是解决复杂问题的能力。应对风险挑战，解决复杂问题，离不开系统思维。

系统思维方法的出现与运用，是现代科学技术发展的要求。系统思维的培养可以帮助我们转变单向的思维模式，让我们透过现象看本质。

1）系统思维的组成

每个系统中有很多要素，它们之间相互作用构成了一个整体，并向着某一方向运行。系统思维由要素、链接和目标组成。

（1）要素。

系统中的要素可以是实体，比如压气机是商用航空发动机的一个要素；也可以是信息，比如商用航空发动机的供油规律。

（2）链接。

系统的要素是比较容易发现的，而要素之间的内在联系（链接）有时是很难发现的，但它会对系统运行产生很大影响。比如商用航空发动机的压气机和燃烧室之间的内在联系就是一种链接，二者之间互相影响，压气机的出口流场对燃烧室的工作产生影响，反之燃烧室的工作状况又对压气机的工况起反作用。

（3）目标。

系统目标需要仔细定义。对商用航空发动机产品的需求定义，往往是很多利益攸关方来共同完成的。即便是这样，商用航空发动机产品能否实现商业成功，还需市场来检验。

2）系统思维的结构

系统是如何运行的？在系统思维中有句话叫结构影响行为，这个结构分为三个部分：存量、流量与反馈回路。

(1) 存量。

存量指的是在任何时候都能被观察和感知的一种系统要素。它是一段时间内的累计量，如商用航空发动机的截面压力、温度等。

(2) 流量。

存量会随着时间变化而变化，使之发生变化的就是流量。它代表了一段时期内改变的状况，如商用航空发动机部件的效率、进口空气流量等。通过研究存量与流量，我们可以很好地观察系统的动态复杂性。

(3) 反馈回路。

要想让系统顺利运行，必须要有监测与控制机制，这个机制就是反馈回路。这意味着，反馈回路可以让系统维持在某一种状态中。

3) 实际运用过程中的问题

在运用系统思维过程中，会出现一些常见问题，包括系统边界划分、限制因素、时间延迟。

(1) 系统边界划分。

系统边界的恰当划分对分析问题尤为重要：如果边界划分过宽，会让你浪费很多精力，很难抓住重点；如果过窄，就可能遗漏影响事件的重要因素。一般来说，可以通过动机、目标等因素确定系统边界。

(2) 限制因素。

在做某项工作的过程中，很容易忽视限制因素。比如在开展商用航空发动机设计过程中，需要考虑与飞机的气源、电源、燃油、信号等接口，这些接口都直接影响商用航空发动机是否能满足预期的使用要求。因此，在开展设计时一定要厘清这些接口，并尽早与相关方达成一致意见。

(3) 时间延迟。

很多时候，系统的行为有着很大的延迟。比如叶片初始缺陷，在起落循环引起的低周疲劳载荷以及叶片振动引起的高周疲劳的耦合作用下，缺陷不断长大形成裂纹，裂纹扩展最终导致叶片断裂，这就是时间延迟。

因此，我们在开展设计的过程中，需要考虑系统的时间延迟性，这也是系统固有的一种属性。

## 2.3 推荐的系统思维方法

系统思维能抽象出对事物的认知，体现整体观。系统思维的方法就要把握整体性、立体性、动态性以及架构性。

### 2.3.1 学会整体思维

系统思维方式的整体性由客观事物的整体性决定。整体性是系统思维方式的基本特征，它是建立在整体与部分辩证关系基础上的。整体与部分密不可分。整体的属性和功能是部分按一定方式相互作用、相互联系所产生的。整体也正是依据这种相互联系、相互作用的逻辑关系实现对部分的支配。

坚持系统思维方式的整体性，首先必须把研究对象作为系统来认识，即始终把研究对象放在它所处的大系统（环境）中考虑和把握。这里包括两个方面的含义：一个是在思维中，必须明确任何一个研究对象都是由若干要素构成的系统；另一个是在思维过程中，必须把每一个具体的对象系统放在一个更大的系统（环境）内来考察。如商用航空发动机的设计，首先要把商用航空发动机作为一个由若干子系统/部件构成的完整系统来考虑，不仅要考虑单独子系统或者部件是如何工作的，还要把握好各系统或者部件之间的各类接口。此外，还要把商用航空发动机放在飞机甚至航空运输等更大的系统中去考虑，如耗油率与重量的权衡设计，只有从飞机的整体角度去考虑商用航空发动机的性能，才能从根本上获得最优的解决方案。

坚持系统思维方式的整体性，还必须把整体性作为我们思考问题的起点和终点。以商用航空发动机设计为例，思维的逻辑过程一般：首先，在对商用航空发动机产业发展现状、市场需求以及竞争对手的产品布局有充分理解和把握的基础上，提出商用航空发动机的设计要求，如耗油率、排放、重量、成本等设计指标；其次，提出满足这些设计指标的方案，如性能设计方案、结构方案、选材方案等；最后，从多个方案中选择最优方案。在这个过程中，提出的商用航空发动机的设计目标，是从整体出发，综合考虑各利益攸关方的需求而形成的产物。在整机目标的牵引下，通过将整机的目标分解到各个系统或部件中去，再分析各个系统/部件的相互关系，形成方案。最终方案是在综合考虑各个潜在方案对整机性能、重量、成本等指标的满足程度以及各类风险后综合决策确定的。由此可见，系统思维方式就是以终为始、以始为终的思考过程。

### 2.3.2 学会立体思维

系统思维方式是一种开放型的立体思维。它以纵横交错的现代科学知识为思维参照系，使思维对象处于纵横交错的交叉点上。在思维的具体过程中，系统思维方式把思维客体作为系统整体来思考，既注意进行纵向比较，又注意进行横向比较；既注意了解思维对象与其他客体的横向联系，又能认识思维对象的纵向发展。

立体思维指主体在认识客体时要注意纵向层次和横向要素的有机耦合，时间和空间的辩证统一，在思维中把握研究对象的立体层次、立体结构和总体功能。不但要有“三维思维”，更要有“四维思维”，即研究系统运动的空间位置时，要考虑其时间关系；而研究系统运动的时间关系时，要考察其空间位置。立体思维是时空一体思维，也是纵横辩证综合思维。

在立体思维中，纵向思维和横向思维不再是各自独立的两种思维指向形式，而是有机地统一在一起，形成一种互为基础、互相补充的关系。例如，我们要研发一款新的商用航空发动机，就要先进行调查论证，了解未来市场的需求和客户的需求，要了解当我们的产品投放市场时，其他竞争产品的情况。同时，我们还可以跳出产品的思维锚点，把商用航空发动机产品和飞机产品，甚至售后服务模式统筹考虑，形成产品的竞争力。

### 2.3.3 正确认识系统的动态性

系统的稳定是相对的。任何系统都有自己的生命周期。因此，系统内部诸要素之间的联系及系统与外部环境之间的联系都不是静态的，都与时间密切相关，并会随时间不断地变化。这种变化主要表现在两个方面：一是系统内部各要素的接口关系不是固定不变的，而是随时间不断变化的；二是系统都具有开放的性质，总是与周围环境进行物质、能量、信息的交换活动。因此，系统处于稳定状态，并不是说系统没有什么变化，而是始终处于动态之中、处在不断演化之中。

系统的动态性可以作为事物运动规律来理解，它对于思维方法的作用是不可低估的。系统思维方式的动态性正是系统动态性的反映。思维从静态性进入动态性，要求我们正确认识和对待系统的稳定，使系统演化不断地从无序走向有序。

### 2.3.4 关注系统架构

系统思维方式的结构性，就是把系统科学的架构理论作为思维方式的指导，强调通过系统的架构去认识系统的整体功能，并从中寻找系统最优架构，进而获得最佳系统功能。系统架构是与系统功能紧密相连的，架构是系统功能的内部表征，功能是系统架构的外部表现。在一定要素的前提下，有什么样的架构就有什么样的功能。

系统思维方式的结构性，就是要树立系统架构的观点，在具体工程实践中，紧紧抓住系统架构设计这一中间环节，通过建立商用航空发动机各组成系统/部件与整机功能、性能实现的内在逻辑关系，不断优化商用航空发动机的架构，实现用最低的成本实现最佳功能。

系统要素是系统功能的基础，而系统架构建立了要素到功能的逻辑关系。在相同的系统要素情况下，系统架构对系统功能起着决定性作用。不仅如此，通过要素和架构关系所表现出的容差效应可以看出，系统要素在数量上不齐全或者在质量上有缺陷，在一定条件下可以通过系统架构的优化得到弥补，不影响系统的功能。

以商用航空发动机为例，最先进的商用航空发动机的部件性能也许不是最先进的，但是通过架构的优化可以实现整机的性能最优。因此，我们在开展商用航空发动机设计时，必须在头脑中把思维指向的重点放在架构上；在优化架构的过程中要抓住对整机有关键影响的系统要素，作为架构设计与优化的重点，在此基础上，建立这些要素与其他要素的联系，形成最优的架构。

## 2.4　本章小结

学会培养系统思维方法要有两个基本认知：一是任何系统整体都是由要素构成的综合体；二是任何系统整体的研究，都必须对它的组成、层次、结构、功能、内外联系方式的立体网络做全面的、综合的考察，才能从多视角、多因果、多功能、多效益上把握系统整体。正确认识系统的整体性、动态性，学会立体思维，注重系统架构设计，才能为我们培养系统思维奠定良好的基础。

# 第3章

# 面向商用航空发动机的系统工程方法

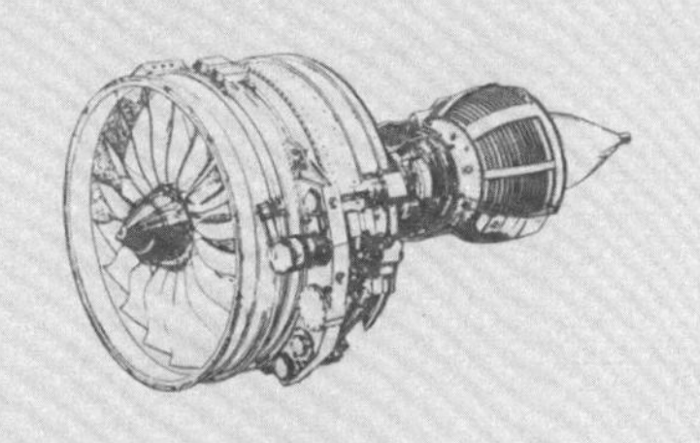

《民用飞机及系统研发指南》(SAE ARP 4754A)将系统工程和安全性设计融入民用航空器研制和适航取证过程中,为商用航空发动机正向设计提供了指导。指南中将航空器的正向研发过程分为功能开发、功能分配、系统架构设计、系统需求向软硬件的分配以及系统实现等过程。该标准中给出产品正向研制的综合过程,涵盖了需求分析、需求确认、需求验证等过程。这些方法与 INCOSE 系统工程手册中的方法一脉相承,不同之处在于该标准还包含了航空产品研制的一些独有的系统工程活动,如研制保证等级的分配、安全性评估等。下文将根据 SAE ARP 4754A 标准,简要给出商用航空发动机系统工程方法。

## 3.1 研制策划

研制策划是产品研制的开始,"谋定而后动,知止而有得",策划过程的完备性、合理性将直接影响产品研发过程。研制策划的目的是定义商用航空发动机的研制标准、研制活动和研制计划等,使得商用航空发动机产品能够满足利益攸关方的要求且能够以足够的置信度与适航要求相一致。研制策划工作主要包括如下内容:

(1) 定义研制阶段。商用航空发动机研制投资大、周期长,通过对项目的分阶段决策可以有效地控制项目风险。一般会把项目研制总周期划分为若干阶段。对每个阶段给出工作安排、评审要求以及转阶段要求等。同时制订计划偏离的管理与控制程序、转阶段遗留问题的关闭程序等。

(2) 定义研制活动以及验证活动要遵循的流程、方法和工具。

(3) 定义与所研制的商用航空发动机安全目标相符合的研制标准。

(4) 制定需求管理、构型管理、安全性评估、过程保证计划、审定联络计划,并融入研发活动中,保障产品研发符合相关要求。

### 3.1.1 策划过程

图3-1是整个策划过程的流程图。任何一个策划形成书面文件之前,需考虑所有的要素。策划要素一般包含活动、任务、方法、工具、行动者、角色职责、顺序、数据等。

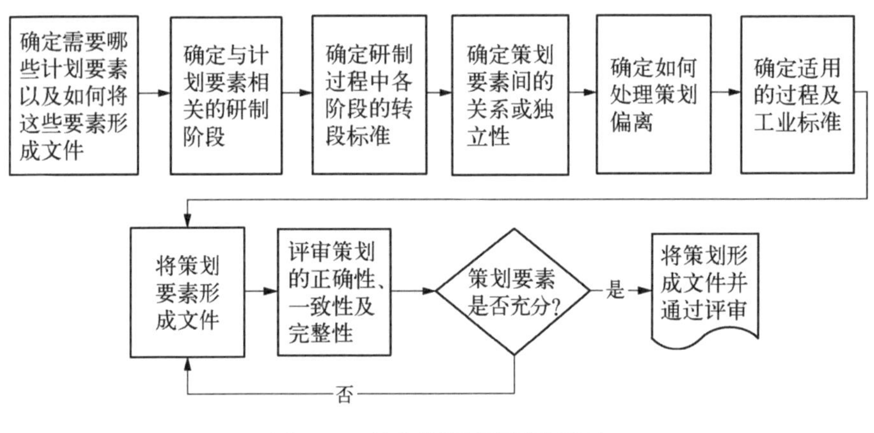


**图3-1 整个策划过程的流程图**

### 3.1.2 研制阶段控制

研制策划在策划过程中的一项关键任务就是定义产品生命周期过程的检查节点和评审活动,这些检查节点和评审活动必须与项目的阶段目标对齐。策划过程中需要清楚地定义在各个研制阶段对产品成熟度的期望(如在概念设计阶段要完成多方案比选、在进入详细设计阶段时设计方案要基本冻结等),以及设计工作、验证工作、合格审定等工作的进展与产品整体进度的匹配性。这些可以通过定义转阶段评审的标准来全面复盘上一阶段工作,从而判断是否具备进入下阶段的基础和条件。对上一阶段遗留的问题需要进行跟踪和管理。

### 3.1.3 偏离的控制

在产品开发过程中，经常会出现开发活动偏离所制订的计划。因此，在策划阶段需要确定处理这些计划偏离的机制和要求。任何针对偏离的处理方法、获得批准方式以及文件数据形式都应在各类计划要素中说明。

## 3.2 产品开发过程

本节主要介绍商用航空发动机设计的过程，主要针对研制中的功能、架构、设计以及实现过程进行简要介绍。图 3-2 简要给出了产品研制的生命周期模型示意。

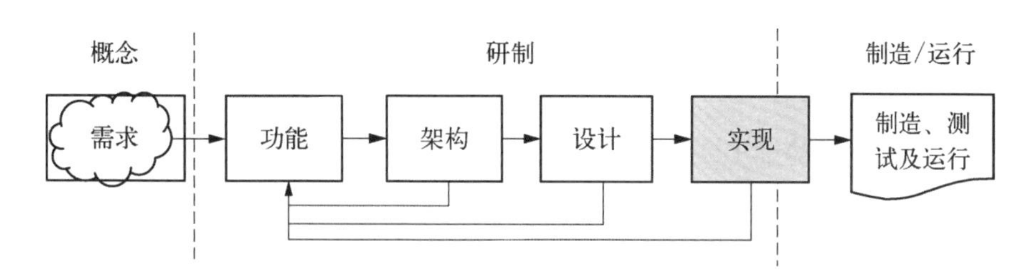


**图 3-2 产品研制的生命周期模型**

产品的开发过程是以利益攸关方需求分析的结果为输入，研制活动主要包括功能的开发与分配、架构设计、部件/子系统的详细设计与加工以及系统的集成。当满足以下条件时，表示商用航空发动机产品开发过程结束：

（1）提交适航规定的所有验证数据并获得航空器审定单位批准。

（2）产品设计满足所有利益攸关方的要求。

（3）将产品设计以及测试的结果提供给制造商。

（4）使用限制、维护及其他运营信息提供给商用航空发动机的运营商。

本节介绍的设计是典型的开环“V”过程，适用于所开发产品的各个层级，包括自上而下的功能的开发与分配、设计，以及自下而上的系统集成(即实施)。在设计的每个环节，都需要落实需求管理、构型管理、安全性评估、过程保证、审定联络等各方面的要求，这些活动将在“综合过程”的章节中介绍，设计的“V”过程与综合过程，共同构成了整个研制过程的闭环。

图 3-3 以安全性评估为例，描述了安全性评估与产品正向设计过程的关系。整机安全性要求源于系统功能失效的影响以及可接受的失效风险，部件/系统级的安全性要求又与整机功能实现的逻辑架构相关，安全性指标的分解过程依赖系统架构，并可以对系统架构设计的符合性进行确认。可见，产品的研制过程并非单项过程，而是在研制的每个环节都要考虑其需求、约束条件是否满足、上一层级是否对本层级的设计结果进行了确认等。

### 3.2.1 功能开发

根据 SAE ARP 4754A：功能是一种用户期望的产品行为，建立在对一组用户需求的定义之上，且定义功能时不考虑其具体实现方式。商用航空发动机的研制从定义商用航空发动机的功能开始，站在利益攸关方的角度来看“功能”就是客户愿意买单的产品“行为”，而产品向外所呈现的“行为”是通过功能实现的。如飞机方愿意购买的行为是产生可控的推力，这就是商用航空发动机要实现的主要功能。因此，功能分析是一切产品研发活动的开始，是一项非常重要的工作。

功能分析的目的在于描述商用航空发动机的功能特性，包括利益攸关方对商用航空发动机预期功能的识别和定义，通过功能分解建立商用航空发动机的功能架构，从而为商用航空发动机系统的物理架构设计提供输入。

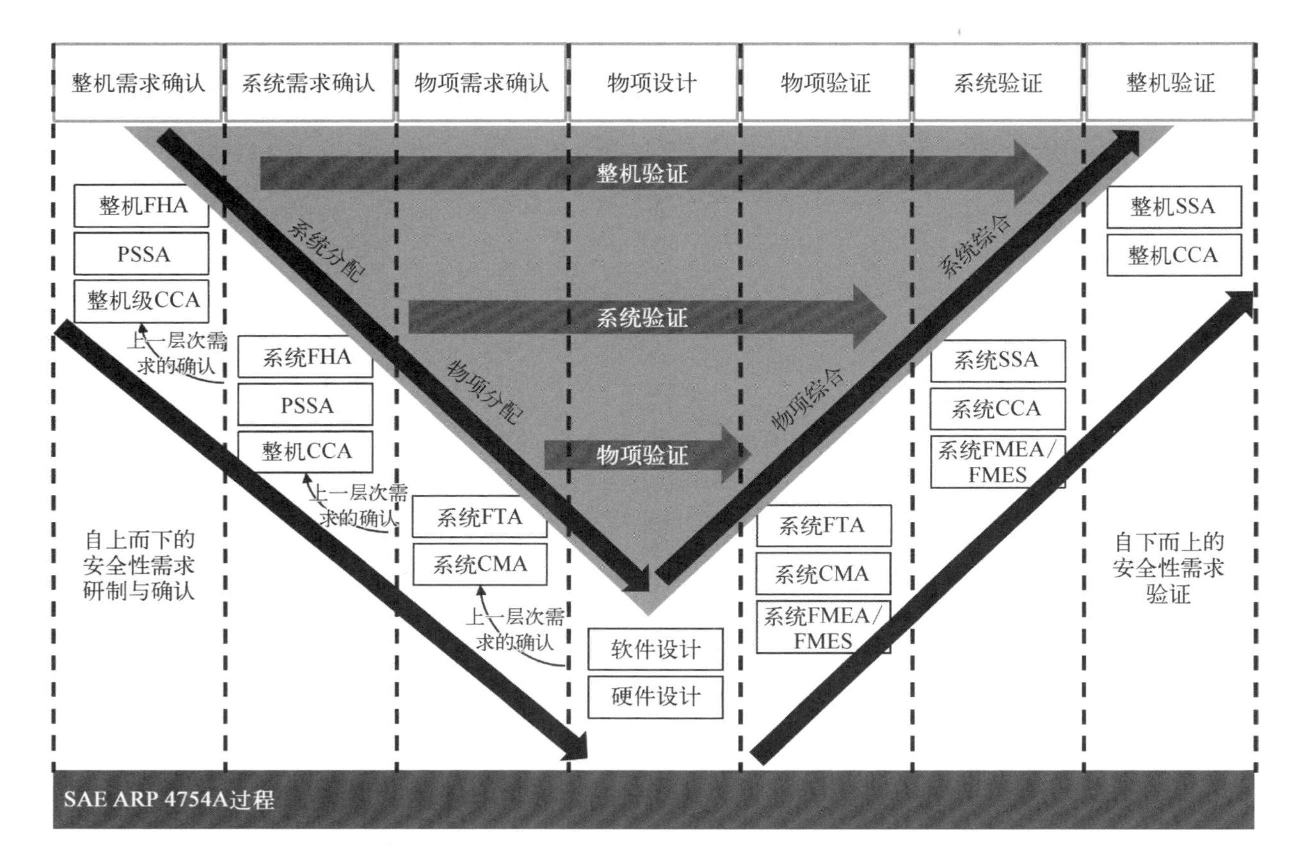


图3－3 安全性评估与产品设计过程的关系

功能分析主要包括功能的识别和定义、功能分解和功能分配。其中，功能识别和定义是前提，即通过对利益攸关方需求的分析，识别和定义商用航空发动机的功能，并对其进行组织、整理以形成功能列表；通过功能分解将复杂功能分解为若干独立的子功能，并梳理、分析同一层级的子功能之间的逻辑关系，从而形成商用航空发动机的功能架构。

1）识别功能

功能识别是指在多方收集利益攸关方需求的基础上，分析待设计的产品对象与其环境要素（包括操作者、装机使用环境，如风雨雷电等自然环境）之间的交互过程/相互作用关系，从而识别产品的功能性需要。

商用航空发动机与内外部环境之间的相互作用可以通过其各类“场景”来推演导出，可以从时间维度、环境维度来具体定义，时间维度包括产品的制造/存储/运输/安装、运行、报废等各阶段。其中运行阶段是产品功能捕获的最重要阶段之一，涉及整个飞行循环，如泊机、起动、滑出、起飞、爬升、巡航、下降、近进、着陆等场景；环境维度包括各类自然因素，如风、雨、雷、电等。通过分析不同运行场景下由于驾驶员操作或者内部失效导致的商用航空发动机可能经历的状态或者模式，结合利益攸关方需求，归纳和概括出产品的功能需求。

2）定义功能

功能定义是在功能识别的基础上，将识别出的利益攸关方的功能性需求以一种统一的、形式化的语言进行表达；并且，定义功能时应尽可能地保持对功能描述的“中立”性，即不偏向于任何一种潜在的解决方案。

目前主要有两种广泛采用的功能表示方法：“动名词”表示法和“输入/输出流”表示法。“动名词”表示法采用一组动词和名词描述“做什么”。其中，动词表示操作，名词表示被操作对象（即功能作用的客体），功能的主体默认为待设计的产品，如“产生推力”“传递载荷”“提供告警指示”等。在“输入/输出流”表示法中，功能被定义为一个系统的输入和输出之间，以完成某种任务为目的的相互关系。因此，这种表示法通常采用一对输入流和输出流来描述某系统输入和输出对象之间状态的变化。

需要注意的是，由于功能具有概括性和抽象性等特点，功能定义往往比较简短、精练，因此为了便于理解，可适当加上注释，用于描述该功能的上下文。

3）创建功能架构

创建功能架构首先要完成功能分解。所谓功能分解就是将复杂功能分解为若干个可辨识的子功能，这些子功能分别对应总设计任务下的若干子任务。功能分解的目的是促进设计求解，即通过将复杂功能分解为可以逐一实现的子功能，再将子功能按照一定的逻辑连接起来实现总功能。因此，如果根据一个子功能仍无法找到其对应的解，则需要将其进一步分解，直至能够对应到具体的物理架构(实现方案)上。

通过功能的逐级分解，并将子功能有意义地、相容地联结成总功能，就形成了所谓的“功能架构”。需要注意的是有两种功能分解方法：一种是按照作用对象类型来分解，如功能“提供和分配能源”可以分解为“提供和分配液压源”“提供和分配电源”及“提供和分配气源”等子功能，在这种情况下，这些子功能之间相对独立，没有直接的关联；另一种是按照作用对象状态变化或过程场景来进行功能分解，在这种情况下，子功能之间往往存在一定的逻辑关系，只有先实现某些子功能后，再实现其他子功能才是有意义的。例如，商用航空发动机的功能“实现起动”可分解为“产生起动的主流气体”和“控制点火”，两者具有先后关系。

在功能分解过程中，功能架构的分解应考虑分解后的子功能之间的控制流和数据流关系，可以考虑利用功能流框图(functional flow block diagram，FFBD)、$N^2$ 图等方式进行明确。这其中将会产生功能接口控制文件(function interface control document，FICD)，FICD 定义功能与功能之间的数据流和控制流关系。

4) 分析功能架构

分析功能架构主要是把功能架构针对上层的功能需求、利益攸关方需求和各类概念方案进行确认，确保能够满足上层要求，最终确认的功能架构应形成书面的正式文件。

### 3.2.2 架构设计

1) 产品的构型(物理架构)与功能

构型是系统的物理体现或信息体现，它是功能实现的载体。构型包括对象以及这些对象之间的关系(也就是结构关系)。例如，商用航空发动机作为一个系统，它的对象就是构成商用航空发动机的各个部件，而这些对象则通过不同的连接方式组装成一个系统。

系统的另一个属性就是功能。功能由过程和对象组成，过程作用于对象。当系统对外展现的功能对系统外部的对象进行操作时，系统的价值就体现出来了。例如，图 3-4 所示的离心泵中的电动机可以带动叶轮旋转，这是它内部的一个功能；而离心泵作为一个系统，它可以给外部对象(如燃油)加压，当其运转时，对燃油加压的功能价值就体现了。

构型和功能的区别就是，构型决定了系统是什么，而功能决定了系统能做什么。架构就是构型与功能之间的映射。构型对功能起着承载作用，也影响着功能实现的效率。在复杂系统里，构型与功能的映射会非常复杂，包含很多不确定的问题。因此，在架构设计过程中往往还需要使用“代理模型”的方法来简化架构。

我们在描述功能时，应该尽量跳出具体解决方案，如“产生推力”，这种描述就与具体构型无关；如果我们这样描述功能——“通过排气产

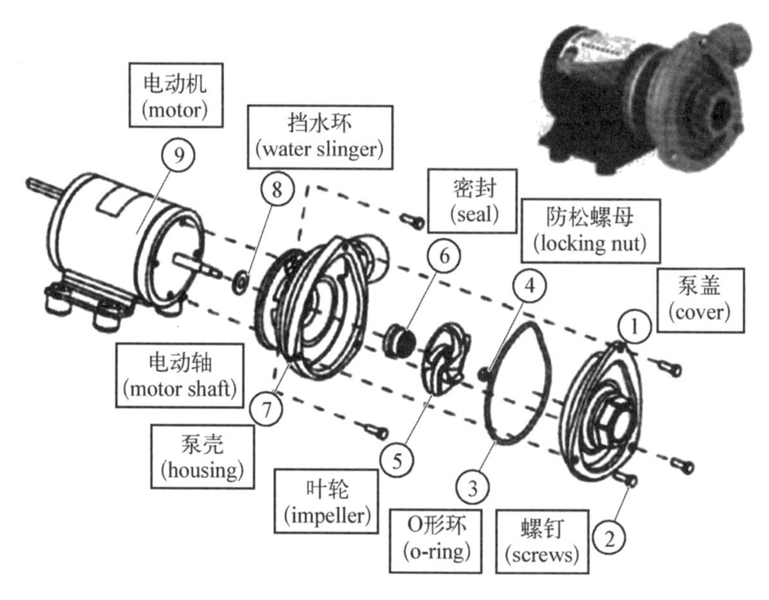


图3-4 离心泵展开图

生推力”，那么这种功能描述就与解决方案相关，这样会将人引导向某种具体的解决方案，可能会限制工程师的视野，从而不去探索更多的潜在的方案。

2）从概念到架构

如前所述，架构就是功能与构型（物理架构）之间的映射，但对于复杂系统，这种映射往往非常复杂。架构设计师常常需要创造一些概念，来简单明了地解释功能是如何映射到构型的。例如前面离心泵的例子，与它的解决方案无关的功能描述是“给液体加压”，而离心泵本身其实就是一个概念，一提到离心泵，大家都会想到电机、叶轮等。在架构设计中，需要对概念有一定的储备，如商用航空发动机的基本概念（压气机、燃烧室、涡轮等），提到这些概念大家都能理解其原理，这些概念也是架构设计的基础。

对于一个功能，在架构设计过程中往往能提出多个不同的概念，需要对概念进行权衡，比如产生推力可以靠燃气发生器产生功率对推进器做功，也可以通过电机直接驱动推进器做功产生推力。这是两种截然不同的概念，在架构设计中需要对概念进行综合评价，最终选定一个概念，将其转化为一套完整的构型。

此外，复杂系统的架构往往是分层的，分层设计的目的是将系统的复杂度分解到某个研发组织可以承接的程度，并要对每个层级的架构进行模块化，以实现从整体视角来评价系统。需要注意，我们如果要对某一层的架构进行模块化，必须将其分解到下一层。因为只有检查各个实体在更下一层的关系，才能更好地对当前层级进行模块化。

3）创建系统架构

架构设计的主要工作包括确定系统的边界、目标和功能，发挥创造力创建概念，以及管理复杂度，为系统选定一种分解方案。

架构设计输出的交付物主要包括如下内容：

（1）一套清晰、完整的目标，并且是可行的。

（2）系统所在的大环境及整个产品环境的描述。

（3）系统的概念以及实现方式。

（4）系统的功能描述，包括系统对外所展现的功能，以及系统内部的功能。

（5）系统的构型（物理架构），以及功能和构型之间的映射。

（6）所有的外部接口以及接口控制过程的详细描述。

下文重点介绍架构设计的主要工作。

1）确定系统的边界、目标和功能

在开展架构设计中，必须首先理解内外部环境对系统架构的影响。外部环境包括法律法规、行业标准、技术发展态势等，内部环境包括技术积累、研发经验、供应商能力、制造资源等。

复杂的系统一般会涉及多个的利益攸关方，他们会有不同的诉求和目标，在开展架构设计前需要对系统实现的需求进行优先级排序，可应用质量功能展开(quality function deployment, QFD)的方法定义需求的优先级。最后,把系统要实现的功能和需求正确、全面地描述清楚。

2) 发挥创造力创造概念方案

创造概念方案,主要有两种方式:一种是无结构的方式,另一种是结构化的方式。无结构的创新包括头脑风暴法、自由联想法等。结构化的方式首先根据功能实现的逻辑对功能进行分解,形成子功能以及子功能的接口;进一步地,创建子功能的概念,包括对象和连接方式。这样通过接口文件以及子功能的概念文件,就构成了功能实现的整体概念。需要说明的是概念的产生与创新需要扎实的专业知识、开阔的视野以及创新的能力。产品的创新往往体现在实现方式上,而实现方式的创新往往又源于某项技术的突破。

概念方案形成以后,可通过定性定量的分析,从各概念方案的可实现性、技术的先进性、全生命周期成本、资源可获取性等多个方面进行综合评价,最终筛选出 2～3 个作为系统的候选概念。

3) 管理复杂度,为产品选定一种分解方案

架构设计的另一项工作,就是分解系统并管理系统复杂度。系统的复杂性体现在功能复杂、与外部信息/物质的交互关系复杂、组织规模的复杂等方面。架构设计通过抽象、层级化、分解及递归等手段来呈现系统的构成。要判断一种分解方式好不好,必须先向下分解两层,并根据第二层的分解情况,来检查第一层的分解方式是否合适。分解的过程要考虑产品研发的组织结构,要权衡分解带来的接口及管理以及分级验证的难度等。另外,架构形式也可以从不同视角来表征系统,如按产品功能视角分解、按产品物理结构视角分解、按照产品的供应商视角分解等。不同的架构视图可以应用在不同场景,体现不同利益攸关方的视角,可以作为研发团队内部以及客户交流的桥梁。

以商用航空发动机的研制为例,架构设计贯穿于需求分析和定义、概念设计、初步设计和详细设计各阶段,每个阶段架构设计的颗粒度由

该阶段的目标决定(阶段目标在研制策划中定义),以下给出部分阶段架构设计活动,供参考。

1）需求分析和定义阶段

（1）输入：获取的市场需求、公司内部技术和资源准备程度。

（2）活动：分析利益攸关方需求,确定产品研制策略,编制项目建议书。

（3）输出：产品需求文档。

2）概念设计阶段

（1）输入：商用航空发动机产品的需求文档。

（2）活动：按照商用航空发动机产品需求,开展多方案的分析工作,评估多个潜在的设计概念方案的优劣,通过权衡给出收敛后的概念设计方案,根据概念设计方案评估部件/系统的技术成熟度,确保项目的技术风险可控。

（3）输出：确定的商用航空发动机产品概念设计方案、商用航空发动机产品研制策划。

3）初步设计阶段

（1）输入：确定的商用航空发动机产品需求文档、商用航空发动机产品研制策划。

（2）活动：细化商用航空发动机产品概念设计,形成总体设计方案,并根据总体设计方案完善对产品各部件/系统的设计要求,开展部件/系统级试验验证,证明产品设计方案可行。技术成熟度要达到全面启动产品详细设计的程度。

（3）输出：批复的商用航空发动机产品总体设计方案和产品开发项目建议书。

4）详细设计阶段

（1）输入：商用航空发动机产品的需求文档、各系统/部件的需求文档、接口需求文档、测试改装需求等。

（2）活动：完成商用航空发动机产品的详细设计图。

（3）输出：商用航空发动机产品详细设计图纸和文件。

至此，商用航空发动机产品的物理架构（构型）就可以被明确地定义出来。

### 3.2.3 实施与验证

以商用航空发动机为例，产品的实施过程主要是把图纸上的商用航空发动机变成实物。在完成商用航空发动机最终设计后，要依据设计工程图完成所有零组件的加工及成附件的采购工作，所有零件集齐后按照事先设计的装配工艺逐级完成部件、系统直至整机产品的装配。在该过程中需要加强设计与制造的协同，确保工艺人员充分理解设计的意图，工艺路线能满足设计要求，并根据需求要提前开展工艺试验，确保工艺的可实现性。

集成与验证指对商用航空发动机不同层级研发对象完成验证和确认。这里要注意的是，验证和确认是系统工程里两个不同内涵的词。验证一般是指对产品的各层级分解的明确的技术要求开展检查，逐项检查是否满足。需求验证工作一般是由研发任务承担方主责。如开展压气机性能试验以检查压气机性能是否能满足总体提出的设计指标（如流量、压比、效率、稳定工作裕度等）要求。需求确认一般是针对产品的各层级功能和性能是否能满足设计要求的综合检查，一般是由产品的需求提出方主责，如压气机在商用航空发动机上的性能检查确认，通过发动机整机试验完成。典型的整机试验有整机室内台架试验、高空台试验、露天台试验、飞行台试验等。

## 3.3 综合过程

本节介绍的综合过程与产品开发各阶段的工作是高度耦合、反复迭代的。产品的开发过程受综合过程的约束，同时综合过程赋予开发过程某些特殊的要求，如对不同功能有不同的研制保证等级要求、需求确认的严苛度要求、需求验证的严苛度要求等。综合过程与开发过程共同构成了产品研制活动的闭环过程，保障了产品的研制过程是有计划、有规范、有记录和有置信度的。

### 3.3.1 安全性评估

产品的安全性是民用商用航空发动机产品的生命线。安全性评估过程的目标是用分析的手段表明产品研制过程的设计风险被合理的控制，同时也表明对适航要求的符合性。安全性评估过程与产品的开发过程相互迭代。此过程包括系统开发过程中的特定评估活动、为其他过程提供输入。安全性评估过程主要包含的活动如下：

(1) 功能危害性评估(functional hazard assessment, FHA)：以系统的功能为输入，分析功能失效的状态及其影响，并基于失效影响对失效状态进行分类并定义可接受的失效概率要求，形成整机的顶层安全性要求。该工作在开发过程早期开展，与设计过程同步迭代。

(2) 初步系统安全性评估(preliminary system safety assessment, PSSA)：根据整机安全性要求，基于系统设计架构，通过开展故障树分析建立子系统或要素安全性要求，并对系统设计架构进行评估，判断系统架构是否能满足顶层分配的安全性要求，PSSA 随着系统开发过程不断更新、迭代。

(3) 系统安全性评估(system safety assessment, SSA)：收集系统可靠性数据、分析并验证系统满足 FHA 以及 PSSA 过程建立的系统、子系统以及要素的安全性要求。

(4) 共因分析(common cause analysis, CCA)：分析导致系统发生共模失效的原因，以建立相应的功能独立性或物理隔离要求，并验证功能独立性与物理的隔离措施是否能消除共因失效。

图 3-5 给出了以上四个关键的安全性评估活动与系统开发过程的关系。针对安全性评估的具体流程及方法,可以参考 SAE ARP 4761 标准。

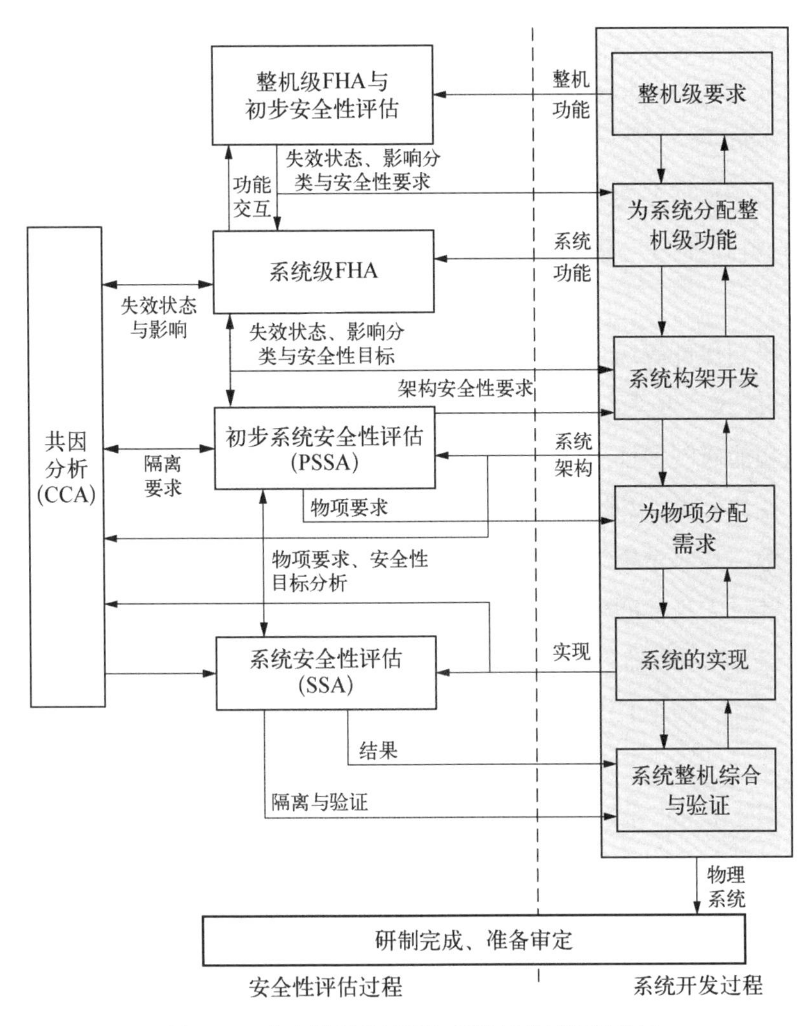


**图 3-5 安全性评估过程与系统开发过程的关系**

### 3.3.2 研制保证等级的分配

由于商用航空发动机的高度复杂性与高集成性,因此需要特别关注研制中的错误，尤其是软件系统，由于其错误无法通过试验穷举、无法量化，因此需要引入一种减少开发错误的过程保证方法。

研制保证是一种基于过程的方法。该方法以严格的方式为系统研制过程建立了置信度。它是适航当局可接受的一种减少研制错误的方法和技术，通过针对过程管控并建立相应证据体系，来保证和证明过程的正确性。

研制保证等级是应用于研制过程的一套标准，可以在设计开发过程中，将功能与产品构型映射间的错误发生的可能性降低到可接受的水平。

研制保证等级包括功能研制保证等级与产品物项（构成产品的硬件、软件或软硬件合体）研制保证等级两类。其中功能研制保证等级是针对功能研制保证工作的严格程度。保证等级的分配取决于失效状态严重性的分类，以及研制过程的独立性。研制保证等级分配的基本原则是考虑其对整机级失效状态的影响。

针对灾难性的失效状态，分配原则如下：

(1) 如果灾难性的失效状态由研制过程中的一个可能的错误（功能、子功能、物项）引起，则相关（功能、子功能、物项）的研制保证等级为 A。

(2) 如果灾难性的失效状态由两个或两个以上相互独立的研制过程中的可能的错误组合引起，则其中一个研制过程的研制保证等级为 A，或者其中两个研制过程的研制保证等级至少为 B，其他的研制保证等级至少为 C。若研制过程独立不成立，则研制保证等级必须保持在 A。

针对危害性的失效状态，分配原则如下：

(1) 如果危险的失效状态由研制过程中的一个可能的错误（功能、子功能、物项）引起，则相关（功能、子功能、物项）的研制保证等级为 B。

(2) 如果危险的失效状态由两个或两个以上相互独立的研制过程

中的可能的错误组合引起,则其中一个研制过程的研制保证等级为B,或者其中两个研制过程的研制保证等级至少为C,其他的研制保证等级至少为D。若研制过程独立不成立,则研制保证等级必须保持在B。

针对重大的失效状态,分配原则如下:

(1) 如果重大的失效状态由研制过程中的一个可能的错误(功能、子功能、物项)引起,则相关(功能、子功能、物项)的研制保证等级为C。

(2) 如果重大的失效状态由两个或两个以上相互独立的研制过程中的可能的错误组合引起,则其中一个研制过程的研制保证等级为C,或者其中两个研制过程的研制保证等级至少为D。

针对轻微的失效状态,分配原则如下:

(1) 如果轻微的失效状态由研制过程中的一个可能的错误(功能、子功能、物项)引起,则相关(功能、子功能、物项)的研制保证等级为D。

(2) 如果轻微的失效状态由两个或两个以上相互独立的研制过程中的可能的错误组合引起,则其中一个研制过程的研制保证等级至少为D。

### 3.3.3 需求捕获

产品的研制需求以及安全性要求是所有研制活动的牵引。商用航空发动机研制过程的开始就是包括识别整机功能及其相关需求,它是建立系统架构的基础。架构的选择带来了实施该架构所需的衍生需求。在需求识别和分配过程的每个阶段,都需要确定已有需求和新的衍生需求。详细的设计活动总是产生新的需求或对现有的需求进行更改。图3-6给出了系统需求开发模型。

需求会以不同的形式被捕获,模型和图形是最常见的方式。必须建立需求开发计划与标准,确保需求开发小组之间联络通畅,以保证需求的正确性与完备性。

需求类型主要包括安全性需求、功能需求、审定需求以及衍生需

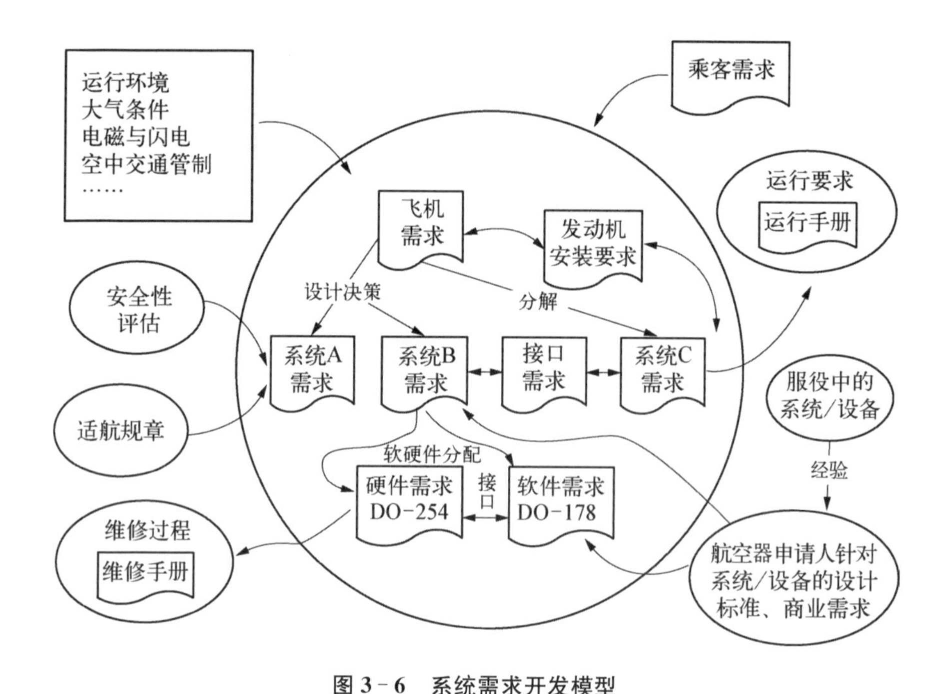


图 3-6 系统需求开发模型

求,其中功能需求又包括用户需求、运营需求、物理和安装需求、维修性需求、接口需求等。

1）安全性需求

商用航空发动机产品的安全性需求是功能可用性和完整性的最低性能约束。这些安全性需求可以通过安全性评估过程来确定。

通过对相关功能失效状态的确定和分类,确立商用航空发动机整机级的安全性需求。一般通过功能失效分析识别功能失效的状态以及失效的影响,通常与安全性相关的功能失效状态都是对飞机安全性有直接或者间接的影响。

针对防止失效状态发生的措施或提供安全保护功能的需求(如监视系统等),都应当单独进行确认且可通过研制保证等级进行过程的管理。这样可以保证系统的安全性。商用航空发动机作为飞机的一个系统,其安全性分析是以保证飞机的安全性为最终目的的,因此在商用航空发动机开展安全性分析过程中需要与飞机强耦合。

根据适航规章需求或者为了表明对适航条款的符合性，可能需要附加功能、性能的需求，应对此类需求进行定义，并得到适航当局的认可。

2）功能需求

功能需求是在规定运行环境下，系统能够实现的预期功能。它是根据用户需求、运营约束、规章限制、技术现状等并考虑产品全生命周期而形成的符合成本与进度要求的产物。

（1）飞机用户需求。

用户需求会随着飞机型号、系统特定功能或者系统类型的不同而变化。需求包括飞机的预期推力、重量、尺寸以及所期望的其他特性等。

（2）运营需求。

运营需求定义了飞行机组与飞机及发动机之间、维护人员与飞机及发动机系统之间、飞机保障人员与相关功能及设备之间的接口。定义运营需求时需要考虑正常和非正常的情况。

（3）性能需求。

性能需求定义了功能性需求的约束性要求或者要实现的程度，如精度、范围、速度和响应时间等。

（4）物理和安装需求。

物理和安装需求与产品的物理特性和运行环境相关，包括尺寸、安装条件、外部动力源、冷却、环境限制、搬运和存储要求等，同时还要考虑生产过程约束对物理和安装的需求。

（5）维修性需求。

维修性需求包括计划的和非计划的维修需求，还包括与安全性相关的维修需求。需求中要定义外部测试设备的信号接口和连接。

3）衍生需求

商用航空发动机产品设计团队为了确保产品成功，还要给予其设计标准或经验等信息，在产品设计过程中考虑一些附加需求。由于这些需求来源于设计过程本身，所以它们可能与上层需求不相关，而是被归为衍生需求。

虽然多数情况下衍生需求不会影响顶层功能的实现，但其中某些需求可能会涉及顶层，因此需要以渐进的方式在较高系统层面上对衍生需求进行评审，直至确定其影响不再进一步传播。例如，衍生需求可能产生于某一决策，该决策是为某个系统实现特定功能而选择单独的电源，那么该电源的需求（包含安全性需求）就是衍生需求。要根据该电源所支持的功能的失效状态及其影响，确定电源的研制保证等级。

### 3.3.4 需求确认

需求确认一方面是确保需求的正确性和完整性，另一方面是确保我们构建了正确的产品，符合客户、使用者、维修人员、适航审定当局以及其他利益攸关方的需要。同时，要限制产品出现非预期功能或相关系统间出现非预期的功能，即确认产品做了所有应该做的事情且没有做不应该做的事情。

确认通常贯穿整个研制周期。在每个阶段，确认活动可以使需求的完整性和正确性的置信度不断提高。经验表明，重视需求的定义与确认可以在研制周期的早期识别错误和遗漏，并且能够减少设计更改，降低系统无法满足需求的风险。

在研制过程中，应在需求的每个层级开展需求确认工作，包括在整机层、产品系统层、子系统层等以及 FHA 的确认。图 3-7 给出一个确认过程模型。确认过程的输入包括系统描述（含运行环境）、系统需求、系统架构与研制保证等级。

1）确认计划

确认计划应规定确认的方法、要记录的数据、数据的存储要求以及确认活动的时间安排。

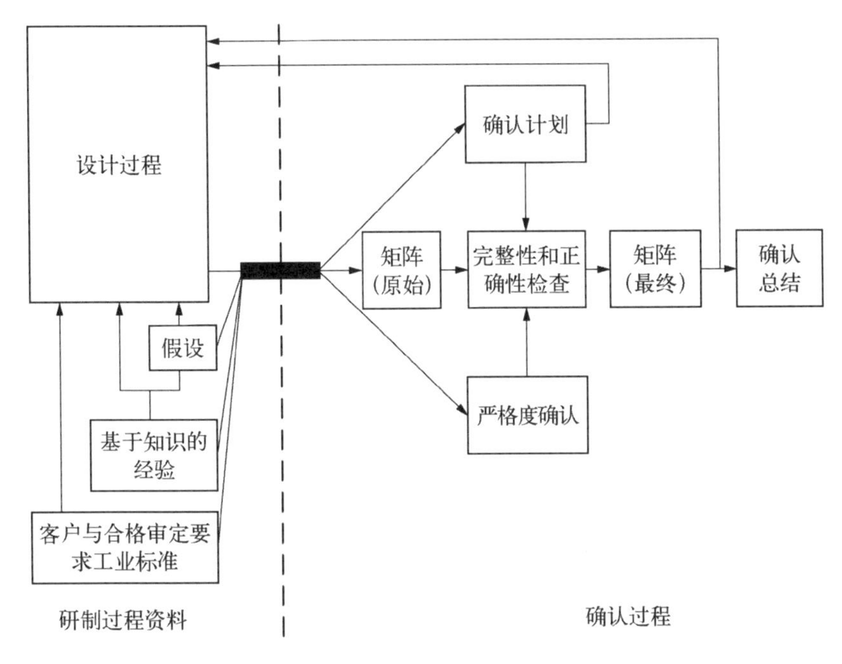


**图3-7 确认过程模型**

2）确认的严格度等级

在安全性评估过程中要分配研制保证等级，它定义了需求确认的严格度。

3）完整性和正确性的检查

完整性表示所开发的系统能够覆盖利益攸关方的所有需求；正确性表示所开发的系统做了所有应该做的事情，并且没有做不应该做的事情。对需求开展完整性与正确性检查就是检查需求是明确的、可验证的，与其他要求不冲突并且不重复。

4）假设的确认

针对假设的确认重点是保证假设能够正确陈述、准确传递，且有支撑资料能证明假设是正确的。

5）确认矩阵

确认矩阵包括上级需求、衍生需求、环境和运行考虑、假设和支撑资料在内的需求及需求的确认结果。

6）确认总结

描述需求确认的过程和结果，包括如下内容：

（1）需求确认计划，以及对任何严重偏离计划情况的描述。

（2）需求确认矩阵。

（3）支撑资料和数据。

需求确认的方法包括追溯、分析、建模/仿真、测试、相似性分析、评审以及工程判断。具体介绍如下。

1）追溯

需求的双向循环。向下追溯可以表明较低层级的需求满足较高层级的需求；向上追溯可以表明系统能够满足利益攸关方的需求，因此追溯在某种程度上能够反映需求的完整性与正确性。

2）分析

通过分析引出利益攸关方需求并将其转化为系统的设计要求，以保证利益攸关方需求被合理分配，因此分析手段也是确保需求完整性与正确性可接受的方法。

3）建模/仿真

该方法在早期需求定义过程中可以用来表明需求是可实现的、正确的。对于不可能通过试验来表明需求正确性的，可通过建模或仿真的方式确认需求的正确性。

4）测试

通过试验或演示来对需求进行确认。

5）相似性分析

两个系统或产品具有相同的功能与失效状态分类，并在相同环境中用于相似的目的，可通过相似性分析进行确认。

6）评审

可通过评审的方式对需求进行确认，通常会要求利益攸关方参与，或者是授权的独立第三方参与需求的评审。

7）工程判断

基于工程经验，利用评审、检查和证明来支持需求的完整性和正确性。

需求确认的严格度通常由研制保证等级决定，同时确认过程中对于独立性的要求也取决于研制保证等级。SAE ARP 4754A 标准推荐了针对不同研制保证等级的需求确认方法，如表 3-1 所示。

**表 3-1 针对不同研制保证等级的需求确认方法**

<table>
<tr><th>方法和数据</th><th>研制保证等级 A 和 B</th><th>研制保证等级 C</th><th>研制保证等级 D</th><th>研制保证等级 E</th></tr>
<tr><td>初始系统安全性评估</td><td>R</td><td>R</td><td>A</td><td>A</td></tr>
<tr><td>验证计划</td><td>R</td><td>R</td><td>A</td><td>N</td></tr>
<tr><td>验证矩阵</td><td>R</td><td>R</td><td>A</td><td>N</td></tr>
<tr><td>验证总结</td><td>R</td><td>R</td><td>A</td><td>N</td></tr>
<tr><td>需求可追溯性（不包括派生需求）</td><td>R</td><td>A</td><td>A</td><td>N</td></tr>
<tr><td>需求可追溯性（包括派生需求）</td><td>R</td><td>A</td><td>A</td><td>N</td></tr>
<tr><td>分析、建模或测试</td><td>R</td><td rowspan="3">R<br>三者取一</td><td>A</td><td>N</td></tr>
<tr><td>相似性（使用经验）</td><td>A</td><td>A</td><td>N</td></tr>
<tr><td>工程经验</td><td>R</td><td>A</td><td>N</td></tr>
</table>

注：R—推荐作为合格审定的需求；A—可协商作为合格审定的需求；N—不需作为合格审定的需求。

在需求确认的过程中，应评估和判断需求的描述以及失效状态分类是否正确。以下问题清单可以帮助我们评估需求的正确性，在具体应用中，可删减和补充该清单。

(1) 需求是否正确陈述？

(2) 该需求是否必要？

(3) 需求集是否合并为单独的需求更好？

(4) 需求集是否正确地反映了安全性要求？

其中，需求是否反映了安全性要求主要包括如下内容：

(1) 是否正确地完成了相应的安全分析工作？

(2) 是否正确识别并分类了所有系统风险及等级？

(3) 是否识别了不安全的设计或错误的设计影响？

(4) 是否提出了可靠性和容错要求？

以下是关于开展完整性检查的问题清单，用来评估每个层级的需求完整性。该清单可针对具体应用做相应的删减或添加。

(1) 从可追溯性和逐级支撑的角度来说，需求是否能满足上一层的要求？

(2) 相互关联的系统是否都包含在系统需求集之中？

(3) 是否确定了与其他系统、人员和过程的接口？

(4) 对每个接口相关的限制条件（如协议、安装构型、时间选择）的定义是否足够详细以便能实现？

(5) 所属接口的系统、人员或过程的行为表现是否能够被接口的两端作为需求予以捕获和接受？如商用航空发动机系统提供数据给飞行显示系统，飞行显示系统如何使用数据，以及机组人员如何对数据做出反应，这应作为一个接口需求被商用航空发动机控制系统的所有人接受。又如，飞行机组对油门进行调节，油门的调节会引起商用航空发动机推力的改变，对于所预期的推力调节，应该作为需求，被飞行机组接受和捕获。

(6) 对于一个规定动作，是否应存在一个对应的禁止动作？如果有，那么是否定义了这个禁止动作？

(7) 功能需求集是否完全被分配并追溯到系统架构中?

(8) 在系统架构中,电子硬件和软件间的功能分配是否明确?

(9) 假设是否被清楚地定义和描述?

虽然在实际工作中很难证明需求捕获是否完整、正确,但是检查清单是一种有效的手段能够帮助我们提升这方面的能力。检查清单应随着研制经验的积累持续完善,并可以做成标准化的模板嵌入需求管理的工作中,帮助我们发现遗漏的和不完整的需求。

### 3.3.5　需求验证

验证过程包括依照验证计划开展的检查、评审、分析、试验等活动。

验证过程的目标包括如下内容:

(1) 确认预期的功能已经被正确地实现。

(2) 确认所有的需求都已经得到满足。

(3) 对于所实现的系统,确保安全性分析结果(主要指安全性分析的假设)是成立的。

图3-8验证的通用过程模型给出了针对系统实施的每个层级进行验证的通用过程模型。验证过程主要包含以下三部分:

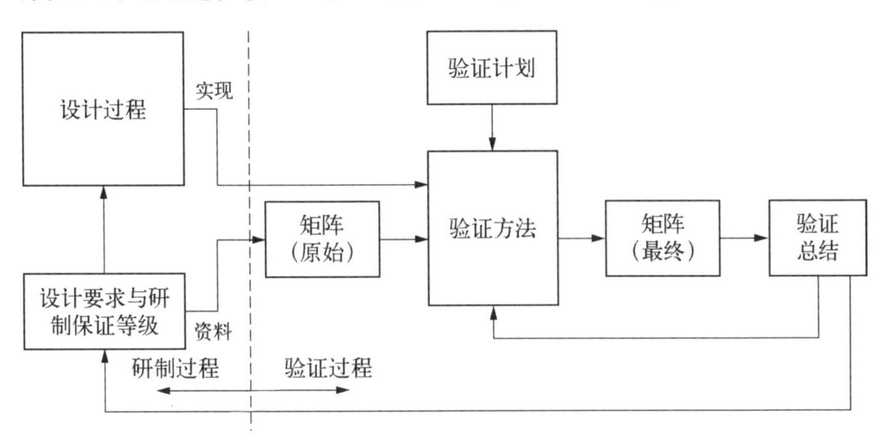


**图3-8　验证的通用过程模型**

(1) 制订计划：计划的内容包括必需的资源、活动的先后次序、要提供的资料、所需信息的校对，具体工作和评估准则的选择、专门用于验证的硬件和软件等。

(2) 方法：包括在验证过程中使用的验证方法。

(3) 资料：包括在验证过程中产生的结果。

验证的方式取决于系统或产品的研制保证等级。验证过程的输入包括所实施的系统需求、待验证的系统。针对某一个需求，可能需要使用多种方法来表明对需求的符合性。在验证系统预期功能的过程中，应记录所识别的任何异常情况(如非预期功能或不正确的功能)，以便对其进行评审和处理。通过检查验证过程、设计实施过程或者需求定义过程，来说明异常状态发生的原因。应该注意的是，由于研制过程是反复迭代的，验证过程也可能在设计过程中不断反复。

验证的严格度由产品的功能研制保证等级和产品要素物项的研制保证等级来确定。附加的验证严格度应与研制保证等级相当，如软件实施与验证的独立性要求，最常见的方法是由未参与系统设计的个体和组织来制定验证方法。

验证所实现的系统(飞机、功能、系统、软硬件物项等)满足在预定运行环境下的所有需求，常用的方法如下：

(1) 检查或评审。

检查或评审包括对过程文件、图纸、硬件或软件的检查，以验证需求已得到了满足，通常使用检查单或类似的工作来进行。检查系统或物项是否符合已确立的流程和工艺是一种典型的检查/评审方式。

(2) 分析。

分析是通过对系统进行详细的检查(如功能性、性能、安全性)来提供符合性的证据，应考虑系统在正常和非正常状态下对需求的符合性。

(3) 建模。

复杂系统的建模通常是结合了计算模拟和试验数据，但在系统行为确定的情况下，建模也可以完全通过计算机来模拟。此外，为了在早期能够预测系统的功能或性能，建模也可以被用于系统性能参数的评估。

(4) 覆盖分析。

覆盖分析用来确定在产品整个研制工作中需求实施的程度，通常使用某种形式的追溯性来开展。

(5) 试验与演示验证。

试验一般是通过运行某个系统以验证需求是否满足的方式，为需求被正确地实现提供可复现的证据。

(6) 相似性和服役经验。

相似性和服役经验主要指使用经证明的设计经验，并结合工程和运行判断一起来表明无尚未解决的重大问题。

表 3-2 列举了多种推荐的且是可以接受的需求验证方法，以及与研制保证等级之间的关系。这些方法的适用范围和验证程度依赖研制保证等级，也依赖已知的特定故障状态的影响。例如，用于验证 A 级或 B 级的系统，验证方法可以包括分析、检查或评审，并且也应包括某种形式的试验。每种方法的应用范围或需要产生的资料要与适航审定当局达成一致。

**表 3-2　基于研制保证等级推荐的需求验证方法**

| 方法和数据 | 研制保障等级 | | | |
|---|---|---|---|---|
| | A 和 B | C | D | E |
| 验证矩阵 | R | R | A | N |
| 验证计划 | R | R | A | N |
| 验证规程 | R | R | A | N |
| 验证总结 | R | R | A | N |
| 系统安全性评估 | R | R | N | N |

(续　表)

| 方法和数据 | 研制保障等级 | | | |
|---|---|---|---|---|
| | A和B | C | D | E |
| 检查、评审、分析或测试 | 测试,其他的一个或多个 | 一个或更多 | A | N |
| 非预期功能测试 | R | A | A | N |
| 使用经验 | A | A | A | A |

注: R—推荐作为合格审定的需求;A—可协商作为合格审定的需求;N—不需作为合格审定的需求。

## 3.3.6　构型管理

在复杂产品系统的研制过程中,其产品构型(又称"技术状态")是逐步演进的,所以要对产品研制的各个阶段开展构型管理。产品构型管理要对产品的系统、组成系统的要素以及所有数据进行管理。图3-9给出了构型管理过程模型的概况。

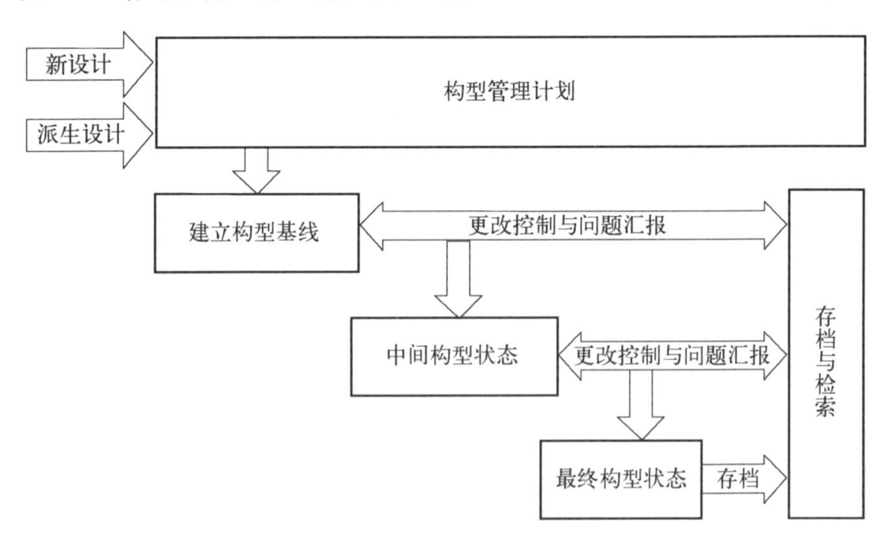


图3-9　构型管理过程模型

构型管理过程如下：

（1）制订构型管理计划。

（2）确立构型项信息，包括如下内容：

a. 系统和产品要素物项的需求。

b. 适用的合格审定资料。

c. 设备、工具和任何其他资料。

d. 在研制、生产和运行过程中，专门用于确定系统和/或物项构型变化的任何其他资料。

（3）对技术和管理进行控制，其过程活动包括如下内容：

a. 与构型基线进行比较，确定系统构型状态，并开展更改控制。

b. 对更改进行控制，确保更改已被记录、批准和落实。

（4）对相关构型信息和资料进行存档、维护。

构型管理过程，包括如下内容：

（1）构型管理计划：在整个系统研制周期内，构型管理计划定义了达到构型管理过程目标的具体工作。在需要的时候，应得到航空器审定单位的认同。构型管理计划应包括对构型管理环境的描述，其中包括程序、工具、规范、标准、组织职责和接口。

（2）确定构型项：目标是明确地标识每个构型项，是开展构型控制的基础。

（3）建立构型基线：目的是产生和保持对构型项的控制和追溯。构型基线一旦建立，要对其进行存档和保护，并根据更改控制程序管理更改；当从已建立的基线中衍生出新的基线时，也应该开展更改控制工作；衍生的基线应能追溯到之前的基线。

（4）更改控制和问题报告：是记录在评审、试验、运营过程中确定的更改或问题。

（5）存档和检索：用来确保构型项能够被检索。

### 3.3.7 过程保证

过程保证的目标：确保研制过程的各个方面都形成了必要的计划，并维护这些计划；确保研制活动是按照计划来执行的；提供证据以表明活动和过程是严格按照计划来进行的。

1）过程保证计划

过程保证计划描述了一些方法，这些方法用来确保系统研制过程中使用的规则和程序得以遵循。对于要取证的产品，应特别注意与合格审定相关的工作。在制订过程保证计划时，应考虑以下内容：

(1) 工程项目中的计划(包括研制、合格审定、确认、验证和构型管理)的范围和内容应与产品整机、产品系统或其他产品要素的研制保证等级相一致。

(2) 定义工程项目中的信息传递与协调的方式，以及进程监控机制。

(3) 定义工程项目的合适评审时机，以便及时地发现研制错误。

(4) 制订相应的计划以便与适航审定当局进行充分的沟通与协调。

2）工程项目计划的评审

在评估工程项目计划时应考虑以下内容：

(1) 以文件的形式对适用的程序和标准进行记录。

(2) 所定义的信息传递方式能确保在相关人员之间及时地传递。

(3) 定义计划更新的程序，计划更新一般是由于研制活动、进度或技术的变化而引起的。

(4) 可以对计划的更新进行适当的追溯和控制。

3）过程保证的数据

用来表明与工程项目计划相一致的证据包括如下内容：

(1) 注有日期的并得到批准的工程项目计划。

（2）评审的报告、相关的总结报告等，根据计划的要求来确定。

（3）在设计、验证、确认、构型管理和合格审定工作中产生的资料。

（4）与过程保证活动相关的评审证明（如已完成的检查单和会议纪要）。

### 3.3.8 审定联络

审定联络过程确保商用航空发动机适航取证过程中取证申请人和适航审定单位充分沟通。主要包括如下内容：

（1）申请人和适航审定单位进行有效的沟通协调。

（2）在所要使用的方法上达成一致，这些方法用来表明商用航空发动机系统与其他产品要素满足具体的规章要求和工业标准。

1）合格审定计划

合格审定计划主要包含以下要素：

（1）描述所审定的项目。

（2）定义审定基础，包括适用条款、专用条件等。

（3）定义用于表明条款符合性的方法，包括研制保证的过程和要求的定义、各条款的符合性验证方法。

（4）提供审定计划时间表。

2）符合性方法达成一致

申请人提出所采用的符合性方法，并用这些方法来定义发动机、系统以及其他产品要素（物项）的研制将如何满足审定基础。申请人应该：

（1）在开展相关的研制工作前，应向适航审定单位提交相应的计划，便于适航审定单位审查。

（2）解决适航审定单位提出的关于符合性方法的问题。

（3）在计划上与适航审定单位达成共识。

3）符合性证明

合格审定资料是发动机、系统以及其他产品要素（物项）满足适航要求的证据。这些资料既包括提交适航审定单位的资料，也包括需要予以保存的资料。适航审定单位来确定用于表明规章符合性的资料是否充分。申请人应完成合格审定总结，以描述安装在飞机上的发动机是如何满足已达成一致的审定计划的。

除了对合格审定计划中的内容进行概述之外，合格审定总结还应包括如下内容：

(1) 对适航要求的符合性声明。

(2) 对任何影响功能性或安全性的开口项的落实情况的概述。

4) 合格审定资料

通常，航空发动机合格审定资料包括如下内容：

(1) 合格审定计划。

(2) 研制计划。

(3) 设计描述。

(4) 需求确认计划。

(5) 需求验证计划。

(6) 构型管理计划。

(7) 过程保证计划。

(8) 构型索引。

(9) 功能危险性分析。

(10) 初步系统安全性评估。

(11) 系统安全性评估。

(12) 共因分析。

(13) 需求确认资料。

(14) 需求验证资料。

(15) 构型管理证据。

(16) 过程保证证据。

(17) 合格审定总结/符合性报告。

## 3.4 本章小结

本章针对商用航空发动机的系统工程方法，结合 SAE ARP 4754A 标准以及在工程实践中对系统工程的认知，围绕研制策划过程、正向产品开发过程以及综合过程，对系统工程的实施方法进行了简要介绍，SAE ARP 4754A 是在航空领域推荐的方法，仅供读者参考。

# 第4章

# 面向商用航空发动机的项目管理

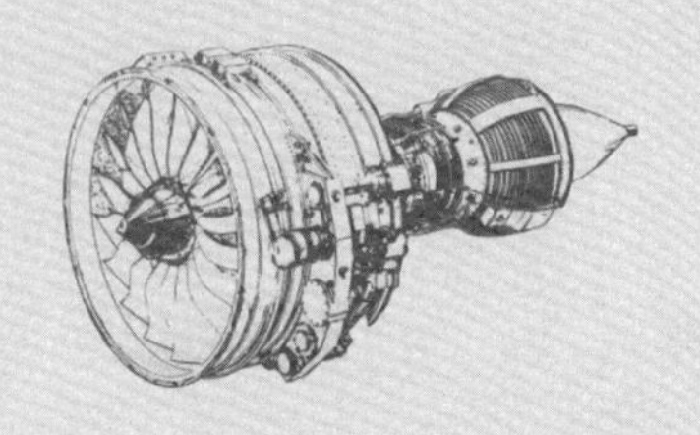

作为商用航空发动机工程师，需要了解一些基本的项目管理知识，具备一定的项目管理能力。本章将向大家简要介绍一种面向商用航空发动机的项目管理过程，给出一些简要的项目管理导入知识。更系统的项目管理知识，大家可参阅项目管理专业书籍。

商用航空发动机项目管理 5 个要素，包括团队结构、角色与职责、阶段门、评审流程、工具和方法。其中阶段门是为控制大项目的周期风险，将历时多年的项目人为地划分为不同的阶段，每个阶段制定出分目标，实现一个阶段的分目标（又称为“阶段门”，通过评审认定）后，才能启动下一阶段的工作，该方法可有效地控制项目风险。阶段门管理是核心，围绕阶段门的任务配置团队、定义人员角色与职责，让每一个参与项目的人都清楚自己和团队的职责范围；通过开展项目评审、技术评审，对实施过程的风险、阶段目标、进度、成本以及下一阶段的工作计划进行评估，保证项目朝着正确的方向推进。工具与方法则规范了项目实施的过程，为项目计划管理、风险管理、项目绩效管理等提供了可实操的工具、表单等。

如何将 5 个要素整合在一起，全面评估项目的状态，实现对项目风险的总体把控？本章将介绍一种方法，即通过完整性评估实现对 5 个要素的集成管理，并贯穿于项目的阶段门中。在项目立项阶段，根据项目的规模确定 5 个要素完整性评估的深度（即后文说的细节等级），明确项目管理的范围，建立项目管理的基线，在阶段门评审过程中，领导团队通过对照在项目立项时所确定的 5 个要素的细节等级，评估项目团队工作的完成情况，来决策项目实施风险是否可接受。

不同体量的项目管理的方法也不同，体量越大的项目越需要定义出各项目要素的详细分工细节。主要表现在对 5 个要素的管理深度上（见表 4－1）。

表 4-1 针对项目管理 5 个要素的细节等级

| 5 个要素 | 细节等级 | | |
|---|---|---|---|
| | 第 1 等级 | 第 2 等级 | 第 3 等级 |
| 团队结构 | 定义团队结构、利益攸关者代表 | 列举利益攸关者代表的重要特点 | / |
| 角色和责任 | 定义团队成员的角色、职责以及权限 | 列举角色与职责定义中的重要特点 | / |
| 阶段门 | 定义每个阶段门的交付物 | 列举每个交付物的重要特点 | 对使用的每个阶段门列出阶段门检查清单 |
| 工具和方法 | 定义团队使用的工具和方法 | 列举每个已定义的工具和方法的重要特点 | / |
| 评审流程 | 定义评估项目进展的评审会 | 列举已定义评审会的重要特点 | / |

(1) 针对项目管理的 5 个要素,定义了等级,如团队结构的等级包含两层: 细节等级 1 是定义团队的利益攸关方;细节等级 2 是根据利益攸关方定义团队的成员。

(2) 针对角色与职责,分为 2 个等级: 细节等级 1 是定义团队成员的角色、职责以及权力范围,细节等级 2 是列举出角色的主要职责。

(3) 针对阶段门,分为 3 个等级: 细节等级 1 是定义每个阶段的交付物;细节等级 2 是定义每个交付物在每个阶段应达到的状态;细节等级 3 是给出每个阶段门检查清单。

(4) 针对工具与方法,分为 2 个细节等级: 细节等级 1 是定义要开展什么活动,细节等级 2 要列举出活动要满足的要求。

## 4.1 团队结构

项目团队是项目管理的基础，本节将介绍团队结构设计的方法，包括根据项目的规模和项目的风险来合理地定义项目团队的层级、项目团队的工作界面等。

### 4.1.1 团队结构的层级及工作界面

合理设置设计团队层级，可以把决策权下放给底层最熟悉项目或产品的人员。这个方法可以提高决策效率，消除官僚作风，同时又能保留一定的监管权。定义团队结构即要解决以下两个问题：

(1) 如何将项目的工作划分给团队?

(2) 哪些人员应该被安排到这些团队内?

在项目团队的结构设计中需要考虑两个层面的要素：细节等级1是团队的层级；细节等级2是团队人员构成。

团队结构的层级自下而上地可分为3个层级：细节等级1是项目实施团队(跨职能团队)，细节等级2是项目领导团队，细节等级3为高级领导团队。对于规模较小的项目，可使用两个层级的团队结构，即将领导团队和高级领导团队合并，保留一个领导团队、一个实施团队。中等规模与大规模项目，可使用3个层级的团队机构，包含两个领导团队，一个或多个项目实施团队。定义完团队的结构，需要明确不同层次的项目团队之间的工作界面。

### 4.1.2 不同层级的团队职责划分

各级团队的职责通常划分如下。

1) 高层领导团队

(1) 批准项目并定义项目的优先权。

(2) 监督项目状态、风险(从项目的商业价值与企业战略目标的一致性的视角)。

(3) 在企业战略或项目集的维度指导并支持项目工作。

(4) 关注整个项目顶层的资源、商务、技术路线的决策。

2) 领导团队

(1) 监督项目状态、风险(从项目自身的视角)。

(2) 在本项目的维度指导并支持项目工作。

(3) 定义项目启动的方法。

(4) 提出完整性评估的细节等级要求以及完整性评估方法,并对项目的完整性进行评估。

(5) 在一个大项目中,定义一个集成框架把项目的工作范围、项目计划的需求、决策标准和风险管理过程传递到子项目团队,使之成为一个集成的项目。

(6) 在关键的阶段门评审中,决定项目继续或者终止。

3) 项目实施团队

(1) 提供信息支持(如领导层决策所需要的信息)。

(2) 完成所在团队的相关职能。

(3) 与项目的领导团队完成所规定的共同职责。

### 4.1.3 各级团队的人员配置方法

在团队构成方面,每个层级上都有关键利益攸关方,通过利益攸关方分析,识别出每个团队的角色配置,并安排相应的人员。

利益攸关方分析是定义团队构成的一个有效方法。项目负责人通过评估项目计划、项目的执行以及实现项目目标所需的技能、专业能力和资质等,结合团队的层级结构,识别出哪些职能需要配置到高级领导团队,哪些职能应该在领导团队以及项目实施团队中体现。

定义好角色后,项目负责人可从人力资源池中挑选出符合岗位任职条件的人员，将选定的人员配置到高级领导团队、领导团队或项目实施团队的各个角色上并记录每个项目成员可以在该项目中投入的时间。

可以使用利益攸关方分析工作表协助定义团队的组成。项目负责人使用利益攸关方分析识别出此项目需要的角色及所需技能和专业知识，找出产品的责任人以及有权批准产品更改的人员等。

综上，团队结构设计的两个维度是团队的层级和团队的构成。可以根据项目规模灵活设计团队结构，如规模较小的项目团队结构可以只分为2个层级，则保留一级领导团队；针对规模大的项目，团队设置为3个层级，包括项目实施团队、领导团队和高级领导团队，领导团队将复杂的问题分解到各个层级，每层级决策不同的事项，提高决策的科学性。团队的层级结构设计为各级团队的职责范围、工作界面提供了一个框架，也是项目顺利实施的重要保障。

## 4.2 角色和职责

复杂项目管理的第二个要素是角色与职责。对于每个团队，推荐采用领导和成员两种角色。表4-2给出了领导和成员的具体职责以及他们共同的职责定义的示例。通常在项目立项前，需要明确项目团队内每个人的角色与职责，当职责与权力被清楚定义后，团队成员可以更好地执行相关的工作。

**表4-2 团队的角色与职责定义**

| 团队层级 | 角色 | 职责 |
|---|---|---|
| 高级领导团队 | 领导角色 | (1) 团结整个高级领导团队。<br>(2) 作为该层级的核心。<br>(3) 组织和领导团队的会议。<br>(4) 作为一个功能责任人承担相应的职责。<br>(5) 和其他领导一起完成共同承担的职责 |

（续　表）

| 团队层级 | 角　色 | 职　　责 |
| --- | --- | --- |
| 高级领导团队 | 领导和成员共同的角色 | (1) 建立项目与企业经营目标的联系、项目授权以及项目优先级的排序。<br>(2) 为项目团队提供指导和支持。<br>(3) 根据需求与客户和公司高层达成一致意见 |
| | 成员角色 | (1) 向上一级提供项目支撑信息。<br>(2) 作为一个功能责任人承担相应的责任。<br>(3) 和其他领导一起完成共同承担的责任 |
| 领导团队 | 领导角色 | (1) 团结整个领导团队。<br>(2) 作为该层级的核心。<br>(3) 组织和领导团队会议和评审。<br>(4) 作为一个功能责任人承担责任。<br>(5) 代表所在功能组织的利益。<br>(6) 和其他领导一起完成共同承担的职责 |
| | 领导和成员共同的角色 | (1) 定义项目的种类和大小。<br>(2) 定义5个要素的细节等级的要求。<br>(3) 明确启动项目的方法。<br>(4) 为项目团队提供资源、指导和支持。<br>(5) 在整个项目过程中根据需求获得高级领导团队的批准。<br>(6) 在一个大项目中，设置一个集成框架，把工作范围、项目计划需求、决策标准和风险管理过程分配到子项目团队，使之成为一个集成的项目。<br>(7) 在主要的阶段门评审时决定是继续投资还是终止一个项目 |
| | 成员角色 | (1) 提供支撑信息。<br>(2) 作为一个功能责任人承担责任。<br>(3) 代表所在功能组织的利益。<br>(4) 和其他领导一起完成共同承担的责任 |
| 项目实施团队 | 领导角色 | (1) 团结整个项目团队。<br>(2) 作为该层级的核心。<br>(3) 传达领导团队对项目团队的指导和支持。<br>(4) 确保项目团队的完整性并明确需要得到领导团队的哪些支持。<br>(5) 用有效的团队执行方法去支持会议和评审。<br>(6) 用项目文件夹或者其他方法保管对项目实施中的关键信息。 |

(续 表)

| 团队层级 | 角 色 | 职 责 |
|---|---|---|
| 项目实施团队 | 领导角色 | (7) 从事所在团队的具体工作。<br>(8) 代表所在功能组织的利益。<br>(9) 和其他团队成员一起完成共同承担的责任 |
| | 领导和成员角色 | (1) 对领导团队提出的5个要素进行完整性评估，对项目实施提出建议。<br>(2) 编制项目计划,详细列出项目要完成的任务。<br>(3) 接受并利用好所委派的权利与责任。<br>(4) 定义和建议使用细节等级的方法,并准备完整性评估工作。<br>(5) 管理项目使其在定义的工作范围之内,识别、提出和控制项目实施中的变更。<br>(6) 按照项目计划开展工作 |
| | 成员角色 | (1) 从事所在团队的具体的工作。<br>(2) 代表所在功能组织的利益。<br>(3) 和其他团队成员一起完成共同承担的责任 |

### 4.2.1 角色与职责的细节等级

角色与职责定义的深度可以分为两个等级：细节等级1是为团队领导和成员定义角色,同时明确职责和权力;细节等级2是确保每个人都理解并接受自己的角色和相应的职责与权限。领导团队应在项目立项前明确规定项目团队的结构、角色与职责,并与项目团队达成一致意见。在项目立项时,发布领导团队与项目实施团队的团队结构及角色和职责定义。两个细节等级的重要特征如表4-3表示。

**表4-3 角色与职责定义的细节等级及重要特征**

| 角色与职责细节等级 | 重 要 特 征 |
|---|---|
| 细节等级1 | 定义团队成员的角色以及相应的权限与职责 |
| 细节等级2 | (1) 记录并与相关方确认项目角色。<br>(2) 记录并确认每个角色对于该项目的职责和权限 |

### 4.2.2 做好授权的两个关键方面

通常项目实施团队和领导团队在职责方面存在两个典型的问题：其一是权力的授权和接受；其二是团队之间的沟通。下面给出一些建议。

1）权力的授权和接受

领导团队不能忽视项目实施团队的努力和建议，领导团队要给项目实施团队一定的决策空间。领导团队的主要角色是引导、支持、挑战、培养和锻炼项目实施团队，使他们能够成功。领导团队应向项目团队授权并明确其职责范围，以及明确哪些权力是领导团队保留的。项目实施团队应当接受和利用好所赋予的权力。领导团队授权不力或者项目实施团队用权不当会延误一个项目。领导层有权决策是否继续为一个项目分配资源或者是否要改变项目的方向。

2）团队之间的沟通

当领导团队创造一个开放的沟通环境时，团队就能更好地运转。尤其当项目实施团队在向他们的领导团队反映问题、提出解决方案或者反馈一个超出他们控制范围的事项时，沟通环境应该是顺畅的。对于紧急问题，项目实施团队应该有权主动召开一个特殊的会议或者讨论，而不用等到下一个评审点。领导团队和项目实施团队之间要同时存在非正式的和正式的沟通渠道。

## 4.3 阶段门管理

在商用航空发动机这类复杂项目管理中，阶段门管理是有效的控制项目风险的重要方法。通过对项目阶段门的关键交付物管控，来判断项目执行情况、安排项目资源、控制项目风险。

### 4.3.1 定义项目工作

通常，在项目立项前就可以启动项目计划的编制工作，在项目立项后需要定义项目的主要阶段和各阶段对资源的需求。项目计划应涵盖关键交付物所涉及的所有活动，围绕交付物根据设计流程定义具体的项目活动。

### 4.3.2 定义阶段门

针对阶段门策划及管理的深度，可以将其分为3个等级：第1等级是定义每个阶段门的交付物；第2等级是列举出每个交付物在不同阶段需要达到的状态；第3等级是列出每个阶段门检查清单。对于不同类型的项目，对阶段门策划和管理的要求允许存在差异，主要取决于项目规模、复杂程度、重要程度等。图4-1提供了典型项目的10个阶段门框架，供大家参考。

### 4.3.3 定义交付物

通过阶段门与关键交付物，可以定义项目的整体框架。其中阶段门反映了项目实施的整体安排和节奏，关键交付物规定了每个阶段门需要完成的工作内容。在阶段门评审过程中，通过检查交付物判断是否完成了该阶段的项目工作并满足相关要求，判断项目运行过程是否健康。

从项目立项开始，通过阶段门评审不断评估、论证甚至调整项目的任务和项目的商业价值，保证项目在正确的轨道上推进。另外，在每个关键的阶段门评审中，还会获得客户对于交付物的反馈。这些反馈也会被用来决定一个项目是否还要进入下一个阶段。

### 4.3.4 阶段门评审

在每个阶段门，项目团队和利益攸关方根据项目完成的工作对项

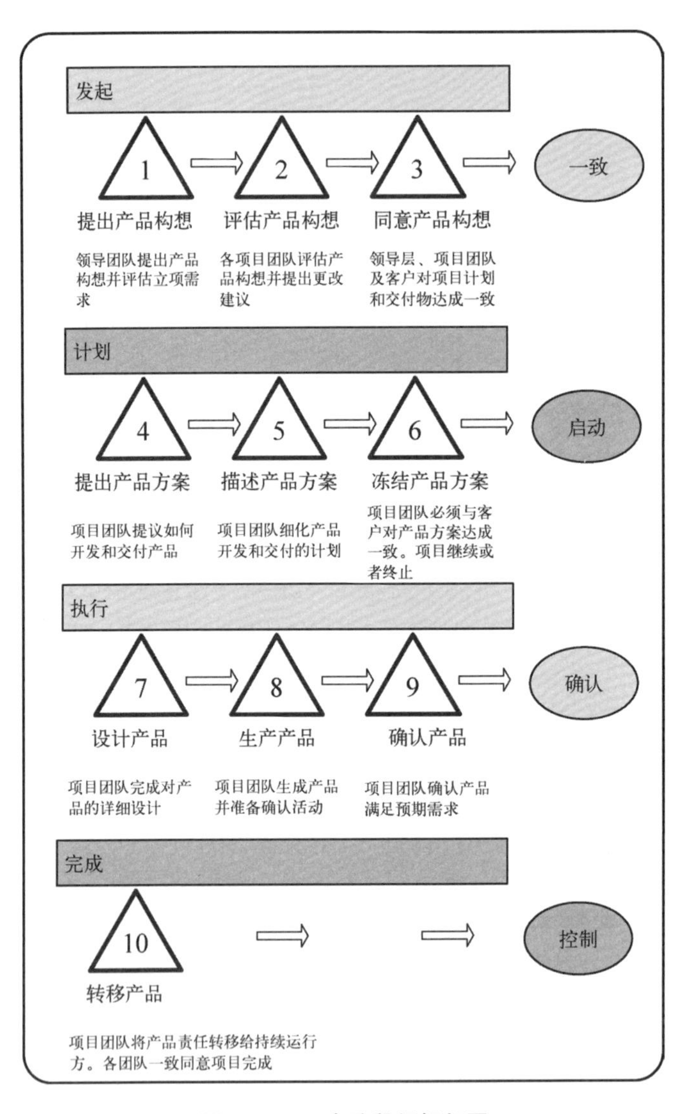


**图 4-1　10 个阶段门框架图**

目的进展及项目的可行性做出评价。项目团队通过展示阶段交付物来表明是否满足阶段门要求，从而评估项目的运行情况。

可以使用交付物完成情况的追踪表来记录项目团队针对每个阶段门的交付物的完成情况。如果要提前进入下一个阶段，则项目团队必须完成上一个阶段所要求的各项工作，领导团队需要评估这些交付物是否足够充分，决策是否批准项目进入下一个阶段。

为了满足下个阶段的交付要求，项目团队需要提前策划相关的工作，虽然关键交付物贯穿于所有的阶段门，但是每个阶段对交付物完成的标准是不同的。这就要求项目团队详细理解下一个阶段门的交付物的要求和工作任务清单。根据下个阶段门的要求，策划下个阶段的工作。在该过程中，项目团队可能会识别出需要领导团队解决的问题，这也是阶段门评审的价值所在。

项目阶段门评审的数量由项目的规模、类型和项目的活动是否是常规的或独特的来决定。在项目立项过程中，项目团队可提出阶段门合并评审的申请，由项目领导团队决策。

### 4.3.5 小结

阶段门构成了一个项目的时间视角框架，将项目从开始到结束所涉及的所有活动按照一定的逻辑进行排列，为项目团队提供一个可以遵循的实施路线图。通过阶段门评审可以检查项目的进度、风险，也可以促进项目团队与领导团队以及关键客户的沟通，对项目的状态起到诊断预防的作用。

阶段门交付物的价值在于详细阐明了项目团队要在何时交付什么样的成果，明确了项目团队的目标。

对于不同的项目类型，阶段门细节允许有差异化。针对不同项目订制符合项目自身特点的管理要求，可以为项目团队提供更多的灵活性，避免过度管理带来人力成本的浪费。

## 4.4 工具与方法

工具与方法是项目管理中的第4个要素。本章节重点介绍项目管理中常用的、也是非常有效的管理工具，包括项目计划、计分卡、风险评估准则、风险管理流程。

项目计划：用来指导项目执行和项目管控的具体计划。

计分卡：通过跟踪项目的进展定义不同阶段的目标。

风险管理流程：用来管理可能发生的对项目产生消极影响的事件的方法。

### 4.4.1 项目计划

项目计划定义了执行和管控一个项目所涉及的所有活动，计划包含两个方面：其一是任务项；其二是建立任务项之间的逻辑关系。项目计划的要素包括任务的描述、任务的节点、完成任务的资源以及任务的责任人等。

项目团队、职能专家和客户通过项目计划的实施来推动和监控整个项目。当项目计划发布以后，项目团队的计划基线就正式确定了。通过对比项目进度与项目基线，可以“提前警示”潜在的项目问题。计划基线是项目开始执行前的状态。基线可用来提示项目实施过程中的偏离，提前预警项目实施中的风险。项目计划要满足的重要特征如表4-4所示。

**表4-4 项目计划的重要特征**

| 重要特征 | 描述 |
| --- | --- |
| 项目策略和方法被记录和更新 | 对策略和方法的说明是项目任务计划的原型。这些说明最好是由要执行这个计划的有经验人在项目计划开始前完成。项目计划的策略和方法由领导团队和项目团队确认并达成一致意见 |
| 项目主要里程碑及完成时间要被记录、确认和更新 | 里程碑是项目中的重要事件，通常由一些重要的工作包构成。识别出的任务包要能够支撑这些里程碑的达成 |

（续 表）

| 重要特征 | 描　述 |
| --- | --- |
| 项目所有的关键任务都在适当的细节等级上被记录、确认和更新 | 项目计划包含完成项目所涉及的所有任务。每条计划要定义完成的标准。每个计划实施人应该认同所做的工作是完成项目和产品实现交付所必需的 |
| 每个任务的持续时间都被记录、确认和更新 | 每条计划的持续时间应包含在项目计划中，由实施这项工作的人提供任务的持续时间并得到批准 |
| 任务的排列符合逻辑 | 项目任务被分解到合适的层级，并按照一定的顺序排列形成进度计划。组织项目工作的方式可以是一个柱状图，也可以是一个关键路径的网络图 |
| 根据计划的执行情况，监控并调整项目计划 | 项目团队根据项目计划更新进度。项目团队根据项目计划检查计划的实施进度，通过采取正确的措施来保证项目能够按期完成。当项目的工作范围发生变化时，项目团队应对项目计划中任务和时间做出调整。在整个项目实施过程中，通过修订项目计划使其与项目范围保持一致 |

建立项目计划前需要考虑的问题，包括如下几个方面：

(1) 在计划中有多少条任务要跟踪？可估计一个大概的数量级，是10条任务？100条？还是1 000条？尽早确定关键计划，可以帮助项目聚焦资源和精力。

(2) 项目是否复杂，是否要制定并行实施的路径？对复杂的项目要尽可能制订详细的计划，对于简单的项目可以适当地调整计划的颗粒度。

(3) 尽可能准确地估算计划实施的周期，如果任务完成的时间与计划的时间有较大的偏差，则预估的项目最终完成时间就没有可信度，大家会认为这个计划是没有用的。此外，对实施风险高的计划要提前做好预案。

(4) 计划信息如何获取和展示？应该为项目提供一个合适的信息化工具。

项目计划制订的步骤包括如下几步：

(1) 步骤1：召集参与者。

参与者从项目团队中选择。一般情况，选择5～10个团队成员编制项目计划。随着项目的推进，其他人员可以不断加入。被选入计划编制小组的人员，应该对项目所涉及的任务有一定的了解，还要知道这些任务大概的完成时间，或者是有获得这些信息的途径。理想的情况是制订项目计划的人就是将要执行这些任务的人。

人员召集完以后，计划编制小组需要回顾项目的描述、项目的战略以及项目的范围，讨论并定义出项目计划中的关键任务。

(2) 步骤2：定义适当的计划颗粒度。

计划编制小组需要确定项目计划的颗粒度。这是在制订计划过程中经常遇到的问题。如果计划太粗，就会错过一些关键的任务；如果计划太细，项目的管理成本就会太高。

项目团队领导要告诉计划编制小组一个期望的计划颗粒度。例如，要用一个月完成的任务是否需要分解成子任务？一天一个周期的任务是否太具体？

选择合适的颗粒度并保持一致，也能够保证对各项工作的策划保持在同一个层次上。

(3) 步骤3：明确任务。

任务识别就是计划编制小组要明确完成项目任务和产品交付所涉及的所有活动。

可以用不同的方式来识别任务，包括如下几种方式：

a. 头脑风暴法。

b. 参考一个类似项目的计划。例如，对于相似机型商用航空发动机研制项目，可以查阅类似项目的计划。

c. 运用工作分解结构(work breakdown structure，WBS)方法。

d. 从完成一个项目的角度开始，倒推工作，明确完成它需要开展的活动。

建议使用任务卡片来标识任务的属性，包括任务的描述、任务重要度、任务持续的时间、实施状态等。

(4) 步骤 4：任务顺序排列。

当所有任务都明确了以后，就需要厘清任务项之间的逻辑关系。有些任务链是一个接一个按顺序连接的，有些任务链中会有平行的或者并行开展的任务项。可以通过连接这些任务链来创建总的任务顺序。

通过连接任务链，团队能看到任务项在开始实施之前需要获得来自哪些其他任务链的输入。任务与任务之间的紧前、紧后关系的梳理与建立，对于计划的实施会产生很大的影响。

(5) 步骤 5：分配任务的持续时间。

当任务项以及任务项之间的顺序关系确定以后，团队需要确定每个任务项的持续时间。

项目计划编制团队需要确定任务的最小时间单位(如小时或天)。保证项目计划中时间单位的统一很重要，要避免一些任务卡片显示的时间是天，一些任务卡片上显示的是小时。

(6) 步骤 6：项目计划分析。

项目计划分析可以通过使用项目管理软件来完成。把任务项、任务项之间的顺序关系、完成项目所需的人员和其他资源一起输入软件中。另外，一些时间和经费上的不确定性因素也要在计划中考虑以应对意外事件。如果时间和经费的不确定性建立在具体的任务或任务链中，团队就要增加完成项目的时间和资源。因此，时间和资源的不确定性应该应用在整个项目中而不是单个任务或任务链中。不确定性建立在整个计划中还能帮助项目领导决定哪些任务是关键的，当出现问题时是否使用备份的时间和经费。

关键路径方法可用于项目计划的分析。该方法能够识别出持续时间最长的任务链,该任务链称为项目的关键路径。如果想要在预期的时间完成项目,则需要尽量缩短关键路径上的各任务项的持续时间,有时可能需要调整任务来保证项目的进度要求。很多项目管理软件(如Microsoft Project)可以使用关键路径方法自动计算每个任务链和整个项目所需的时间长度。

计划调整通常是一个迭代过程,计划应不断地优化直到每个任务项的持续时间和资源的分配能够满足项目范围的要求,同时还应考虑一些时间和资金的不确定性。

(7) 步骤 7:回顾/检查项目计划。

当项目计划能够满足项目领导的要求后,要召集计划编制小组的人员对项目计划开展评审。评审的目的是确保团队知道并认可该项目计划。要考虑团队成员反馈的意见,如果有必要,可对计划做一些微调。可使用软件快速地评估计划调整对整个项目的影响。

网络图是向项目团队展示项目计划的好形式,可以使用项目管理软件自动生成一个网络图,显示所有的任务以及它们之间的关联关系。

### 4.4.2 创建和使用记分卡

记分卡是一种用来追踪一段时间内重要的项目指标完成情况的工具,它也是沟通、展示项目状态的工具。记分卡的形式可以是一个图表、表格或者多个图表、表格的组合。重要的事件都会标注在记分卡上。

记分卡中显示的项目指标必须是可量化并且对项目成败有重要影响的。典型的记分卡要显示出一段时间内实际的和预期的项目表现,以及项目最终的目标。例如,一个记分卡要显示总成本目标,并随时间的推进要追踪项目的实际成本投入。其他的记分卡可能是用于跟踪生产过程中的产品缺陷数等信息。

记分卡用来显示两个方面的项目表现：项目执行和产品指标达成情况。项目执行记分卡(简称“项目记分卡”)用来显示项目健康程度。产品性能记分卡(简称“产品记分卡”)一般是作为项目执行记分卡的子集，显示产品的预测性能和实际性能，并与产品的设计要求进行对照。

项目团队和领导团队一般根据项目要求、客户要求或高层领导团队的要求来定义记分卡上的关键指标。当记分卡上的指标确定以后，这些指标就会写入记分卡中，称为“策划指标”。

记分卡就是选定并展示那些策划的指标，能够让评审者看到后有充足的信心认为整个项目执行得很好，或者能够让他们做出是否要更改项目目标或重新定义团队方向的判断。记分卡要随项目目标的更改而变化。

记分卡是一个快速显示信息的工具，它同时应该具备下列功能：

(1) 让使用者一眼就能评价出项目的表现。

(2) 展现项目团队的表现。

(3) 帮助使用者决定是否需要更改项目目标或者重新定义团队方向。

记分卡可以在项目开始时就投入使用，但一般而言，都是在评价产品概念方案时引入记分卡。之后，只要是考核或者是回顾项目和产品状态的节点，都可以应用记分卡。

### 4.4.3 风险管理流程

风险管理的对象是管理对项目/业务产生负面影响的事件。通过风险管理让项目在变化中持续维持竞争力。在项目实施过程中，一些新设计或设计更改，都会引起业务的变化，这些变化也会把风险带入项目中。

使用风险管理流程的意义在于识别出所有可能阻碍任务目标达成

的事件并保证在产品研制中所有的变化(如新技术的应用、设计的更改等)对项目而言都是有益的。要建立一个由项目团队以及利益攸关方构成的跨职能的专家团队,负责风险管理工作。要把所识别出的项目不确定因素都写入风险陈述表中,并要针对高级别的风险制定相应的风险应对或者规避措施。在整个项目推进过程中,风险管理团队要确保每条风险都能被监控和跟踪。高风险事件、风险规避/降低的措施以及对风险的跟踪数据都应该在项目评审会上交给领导层进行决策。

风险管理流程的第一步是由领导团队定义风险评估准则,该工作一般在项目立项前完成,定义好风险评估准则后,风险管理工作就能开展了。在项目实施过程中,项目团队要开展风险评估工作,包括风险识别、量化和风险等级的排序,同时要为高风险项制定风险应对措施。在整个项目过程中,项目团队应持续地监督风险应对措施的实施情况。下面列举了在商用航空发动机研制中的 4 个方面的典型风险:

(1) 产品需求方面。

a. 未识别的技术需求。

b. 新技术实施路径。

c. 需求定义不清晰或者需求不稳定。

d. 需求的复杂性。

e. 技术的复杂性。

f. 不充分的分析和试验。

(2) 进度方面。

a. 人和资源的可获得性。

b. 团队没有足够的经验。

c. 工作定义不够充分导致工作无法开展。

d. 没有考虑或者很少考虑进度的不确定性。

(3) 成本方面。

a. 预算不够。

b. 经费使用中的意外事件缺少考虑。

c. 低估了成本。

d. 新增的任务要求没有相应的预算。

(4) 其他要求。

a. 遗漏了客户的要求。

b. 合规性的漏洞。

c. 知识产权的漏洞。

d. 法规的变化或者法规的不确定性。

e. 员工的健康与安全(有害物质的泄漏)。

f. 对于外部环境造成的负面的或者不确定的影响。

## 4.5 评审流程

评审过程是复杂系统项目管理的五要素之一,它是一系列结构化的检查会,主要检查一个项目团队完成的工作是否与项目或产品计划相一致。项目团队从项目开始到结束,评审过程搭建了项目团队与项目利益攸关方沟通的桥梁,定期与项目利益攸关方汇报项目进度可以增加利益攸关方对项目的信心。此外,评审也可以帮助项目团队识别项目中的风险、决策项目技术实施路线,帮助项目团队更好地开展工作。评审组一般包括领导团队、技术专家、客户和其他利益攸关方代表。

评审流程的价值在于:

(1) 规定了项目如何评审以及如何被批准。

(2) 提供了决策时机,保证项目朝着正确的方向推进。

(3) 为更正项目定义和目标提供机会。

(4) 定期从经费、技术成熟度、资源约束、风险、预期盈利等方面,评估项目的可行性。

评审类型通常分为两类：项目评审和产品评审。其中，项目评审除了关注产品需求的满足情况外，还要关注成本和进度；产品评审仅关注产品的需求满足情况。产品评审可以包含在项目评审中。

1）项目评审

项目评审将项目看成一个以需求、计划和成本为工作范围的整体。项目评审评估项目的进展、风险和可行性，项目评审不仅聚焦在技术层面。

评审涉及的问题如下：能否满足需求？时间、成本、风险水平如何？预期收益如何？是否需要追加经费投入？

项目评审的细节颗粒度变化很大，取决于评审数量、项目大小、复杂度和风险。

在复杂项目管理过程中，定义了如下3类特殊的项目评审：

（1）临时项目评审（一般在阶段门评审之间）。

（2）阶段门评审。

（3）阶段门后的总结评审。

2）产品评审

产品评审关注新研的或改型的产品。产品评审主要聚焦评估技术、进展、可行性以及产品设计和供应链的成熟度。

产品评审的结果会对项目的成本、计划、风险等产生一定程度的影响，项目团队需要将这些产品评审结果放在项目评审中一起进行评审。

项目团队和评审人对评审有两种态度：一种是聚焦在工作上，到一定阶段再进行审查，这种评审方式可能导致项目团队做一些没有被领导批准的不必要的工作；另一种是响应每个评审的要求，这可能导致过度的评审。这样会使得在准备和执行评审上花费过多时间，本该用在项目上的时间和精力就少了。为了避免以上两种情况，项目和领导团队可采用结构化的方式来定义评审过程，这就是评审过程的细节等级。项目团队要确定：是否进行项目和产品评审？需要进行哪些产品和项目评审？评审的频率如何？

表 4-5 和表 4-6 分别提供了评审细节等级和可使用的评审类型。

**表 4-5　评审细节等级**

| 评审过程的细节等级的指导 | |
|---|---|
| 细节等级 | 定义 |
| 细节等级 1 | (1) 需要的项目评审。<br>(2) 需要的产品评审 |
| 细节等级 2 | (1) 列出特殊项目评审：<br>临时项目评审；<br>阶段门项目评审；<br>阶段门后的总结评审。<br>(2) 列出特殊产品评审：<br>产品概念和定义评审；<br>产品设计评审；<br>产品批准评审；<br>产品供应链建立和批准的评审 |

**表 4-6　可使用的评审类型**

| 评审 | 描述 |
|---|---|
| 项目临时评审 | 评估临时任务目标 |
| 项目阶段门评审 | 评估项目范围、风险等；<br>决定是否继续进行项目；<br>评估项目团队的完整性 |
| 产品概念和定义评审 | 评估方法/技术/方案的可行性和成熟度；<br>批准产品需求；<br>批准产品概念；<br>批准产品定义 |
| 产品设计评审 | 评估方法/技术/方案的可行性和成熟度；<br>批准产品详细设计 |

（续　表）

| 评　　审 | 描　　　述 |
|---|---|
| 产品批准评审 | 批准产品计划 |
| 产品供应链评审 | 评估供应链资源的能力和成本；<br>批准供应链需求和计划 |

在阶段门框架中有4个关键的决策点，领导团队和项目团队需要特别注意，这4个关键决策点分布在项目管理4个阶段，即启动、策划、执行、交付阶段。在这些阶段门的评审中，会对项目的进度和交付物的完成情况做一个全面的评价，项目重大方向的调整和/或项目的终止很可能发生在这4个阶段中的任何一个。

## 4.6 完整性评估

完整性评估可以理解成符合性审查工作，是评估项目团队工作对要求的满足程度，即项目策划的深度和工作完成的深度是否符合要求。

在开展完整性评估前，要给项目定义合适的细节等级。首先，由领导团队选择项目所需的细节等级；其次，由项目团队根据领导团队的要求，进一步识别出合适的细节等级；最后，由领导团队批准项目需要满足的细节等级。

项目领导团队对完整性评估负责任。项目团队负责提供完整性评估材料，并在每个阶段门评审中进行检查。

### 4.6.1 完整性评估涉及的范围

完整性评估是对团队完成的项目工作对细节等级满足程度的一个评估。每个阶段门都应包括完整性评估的工作。

完整性评估帮助项目领导确保项目策划能够符合项目需要的内容

和细节等级，当项目团队围绕这些内容与细节等级完成项目策划后，项目的商业风险就大大降低了。

领导团队和项目团队共同定义项目的细节等级，由项目团队开展完整性评估，领导团队负责评估和审查。

### 4.6.2 细节等级描述

完整性评估是围绕团队完成的项目工作对细节等级满足程度的评估。根据定义的5个要素的细节等级可以看出，在5个要素中，细节等级1规定了这个要素的核心内容；细节等级2定义了核心内容的关键特征，也被称为“重要特征”；细节等级3是阶段门检查清单。

### 4.6.3 完整性评估方法

领导团队需要批准项目的细节等级，并使用完整性评估方法来评估团队工作是否满足项目的细节等级。可以有多种方式进行完整性评估，如问4个问题、应用项目记分卡等。一种确定完整性的方法可通过提问下列4个问题证实：

(1) 项目团队是否在项目实施过程中使用了5个要素？

(2) 项目团队是否准确定义了项目所需要的细节等级？

(3) 领导团队是否同意项目的细节等级？

(4) 项目团队是否落实了批准的细节等级？

通过回答这4个问题，领导团队可以评估一个项目的完整性。如果缺少完整性，那么领导团队需要清晰地提出下一个阶段门评审前要完成的工作，或安排一个临时评审来检查项目团队的进展。

## 4.7 本章小结

本章将商用航空发动机的项目管理要素概括为团队结构、角色与职责、阶段门、工具与方法、评审流程5个要素。其中，阶段门是整个项目管理过程的核心，围绕阶段门的任务配置团队、定义人员角色与职责，让每一个参与项目的人都清楚自己的职责范围、团队的职责范围；通过开展项目评审、技术评审，对实施过程的风险、阶段目标、进度、成本以及下阶段的工作计划进行评估，保证项目朝着正确的方向推进。工具与方法为项目计划管理、风险管理、项目绩效管理提供了可实操的工具等。

本章给出了5个要素集成的方法，即通过完整性评估在阶段门评审过程中回顾项目的实施过程，把控项目的整体情况。在商用航空发动机研制过程中，会启动不同类型的项目，每个项目的规模与实施风险都存在差异。如何高效地管理不同类型的项目，本章也给出解决方案，即在项目立项阶段，根据项目的规模确定5个要素的深度，建立项目的管理基线，在阶段门评审过程中，领导团队对照在项目立项前所确定的5个要素的细节等级，评估项目团队工作的完成情况，来综合评估项目的风险。

# 第5章

# 持续学习和创新思维能力

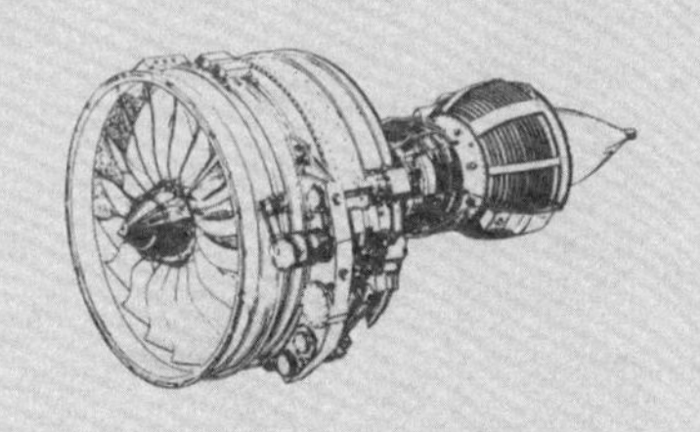

持续学习是作为一名商用航空发动机工程师需要具备的基本能力，是所有人可以完成自我蜕变的方式，而往往越是优秀的工程师，越懂得持续学习的重要性，因为懂得主动坚持学习，所以无论面对怎样的变革，他们总能迎难而上。

创新思维是一种高级的思维形式，是商用航空发动机工程师探索事物本质、获取新知识和新能力的有效手段，在商用航空发动机研发过程中，创新思维具有显著的优势，工程师们需要持续培养和有效运用。

## 5.1 持续学习的意义

据报道，某行业年薪不菲的高管因为年度考核不合格而被劝退。他曾是名校毕业的天之骄子，在公司待了将近 20 年，开疆拓土，立下过汗马功劳，然而随着时代的进步，技术也在创新和发展，过往的知识逐渐被淘汰，但已经形成的思维定式让他没有丝毫的察觉，不愿再去接受新趋势，也不愿花时间去学习新知识，过度依赖经验和感觉，直到在一项决策中因为自己的失误导致了公司的重大损失。这次失误，令他失去了公司的信任。因此，时代在发展，公司需要进步，人也需要进步，如果和这位失业的高管一样，躺在过去的功劳簿上故步自封，对周围环境的改变浑然不知，失去了学习的能力，那么必将会一步步走向自我毁灭。

作为一名商用航空发动机工程师，成长的方法是什么？答案只有一个：持续学习。要想不断进步和成长，便需要工程师在学习这条路上一直走下去，那些懂得通过持续学习为自己不断赋能的人，哪怕再普通和平凡，最后也都能有所成就。

今天你在一个什么样的位置上重要，但更重要的是在未来的几年里，你会用什么样的方式持续进步。学历代表过去，学习能力才代表未来，拼到最后才发现，一定是那些能够持续学习的人才能笑到最后。而这一定律，无论是对于普通员工还是对于优秀员工都适用，只要坚持学习，就能在自己的商用航空发动机职业生涯中走向成功。

道理大家都懂，但在实际操作中，远没有想象中那么简单，为了完成任务，你可能已经被每天的工作压得喘不过气来，但请记住：即使如此，也永远不要停止学习。保持对世界的好奇心，能够将所见所学快速应用到实践中，正如史蒂夫·乔布斯(Steve Jobs)所说："Stay hungry. Stay foolish."(求知若饥，虚心若愚。)持续学习是商用航空发动机工程师的必修课。

1) 你需要跟上时代的发展

当今时代，信息技术的不断发展正在迅速改变着传统的经济模式，市场在不断变化，商用航空发动机产品迭代的速度在不断提高，似乎一切都被加速了，与之同步的，必然会有知识结构的升级和人们思维方式的改变。在这种形势下，不学习，就跟不上时代；跟不上时代，就会被行业淘汰；被行业淘汰，就会被工作淘汰。例如，一个月前，你可能还不适应在线工作，今天，你可能已经在手机上安装了多个在线办公软件。

2) 你需要在工作上有核心竞争力

工作的核心竞争力是什么？答案是别人所不具备的能力(如商用航空发动机专业知识、项目管理知识、系统工程知识等)。这需要在工作中不断学习，有了工作核心竞争力，才能在竞争中占据主动。

3) 你需要实现人生的价值

"师傅领进门，修行靠个人"，同样迈入职场，为什么几年后有人脱颖而出？因为当你拥有了丰富的知识储备、先进的思维模式、别人无法抗衡的硬技能，那么你就会成为工作中的少数派。而当你有了足够的能力和经验时，你就可以把自己的经验分享给别人，去帮助更多有需要的人，为商用航空发动机研发做更多的贡献。所以，通过自己的努力，让自己变得更好,用自己创造的价值去帮助更多的人,实现自我价值,这才是完整的人生,而这一切的前提是你必须先通过学习达到一定的高度。

从另一个角度来看,在如今竞争激烈的工作中,只需要工作经验就可以应对的情况已经不存在了,为了不被淘汰,每个人都需要不断学习和充电。尤其是随着商用航空发动机技术的飞速发展,专业领域的不断变化,每个人都需要不断学习以适应这种变化,只有不断学习,才能跟上时代的步伐,保持竞争力。

越优秀的商用航空发动机工程师就越会持续学习。一个人越聪明,就越会意识到自己知识的有限。承认无知而不断学习,是智慧的开始,只有通过一生不断地学习,才能扩大自己的认知能力范围。仔细观察,不难发现,商用航空发动机工程师中真正努力学习的人,正在逐渐崭露头角,承担重要角色的人;而不学习的人,正在慢慢沉入底层。如果觉得自己已经在前面了,开始慢慢地走,那么落后者便会赶上来并超过你;如果不想落后,那么你需要通过学习超过他们。如何实现弯道超车?除了继续学习,别无选择。学习是每个商用航空发动机工程师完成自身成长和蜕变的一种方式,只有保持不断地学习,懂得随时"投入",才可以帮助自己应对更多的机遇和风险,在工作和生活中变得更加从容不迫。

## 5.2 持续学习的方法

持续学习不仅指学习新的知识,还指在不断更新的知识环境中提高自己的认知水平,以适应新的环境,做好持续学习必须对持续学习有一个正确的理解。

1) 想清楚自己的目标最重要

首先,你需要找到正确的目标。明确你的学习目标,包括职业和人生目标，比如你想在工作上取得什么样的成就，想达到什么级别的职位，想成为对社会有什么价值的人，把这些问题想清楚再制订具体的学习计划。学习目标的制定，最好与目前工作岗位要求和自己未来预期岗位要求相结合。如刚入职作为一名设计员，首先应该学习岗位应知应会、各类岗位职责、设计流程等，但如果你有志未来成为一个项目经理，你就要有计划地学习项目管理知识，并为此制定学习目标。

2）建立精学和泛学体系

一旦有了明确的学习目标，就要根据自己的弱点和不足来确定学习内容。学习内容有两种：一种是精学，另一种是泛学。精学是你需要培养的核心能力，精学追求知识的深度，必要时要取得相应的资格认证，要求你分配固定的时间去高效学习；泛学是你的知识基础，泛学追求的是知识的广度，你可以安排你的碎片化时间去学习。

3）学习过程需要系统化

学习是一个闭环系统。首先，学会结合自己的情况问自己问题，这样会让后续的知识学习更有针对性，效率更高。其次是实时学习，期间注意力一定要集中，边记录、边思考、边总结，如在学习的过程中，有一个概念不清楚，如果手机在身边，可以马上上网查明白。最后，要做好复习，复习既是知识理解加深的过程，也是知识内化的过程。形成一个完整的闭环系统，不断深化学习的知识，最终将能够实现商用航空发动机专业知识和技能的螺旋式增长。

持续学习的方法有很多，其中最常用的方法就是通过阅读来学习，阅读可以帮助工程师更好地理解、记住新知识。此外，还可以通过参加培训班、研讨会、讲座等方式学习新知识，以及通过实践学习新知识，最具挑战的学习是逼自己“取证”，完成相应的取证考试。持续学习的方法建议如下：

1）掌握阅读的艺术

多读书很重要，这能加深工程师对某个问题或事物的理解，尤其是针对特定技术领域的专业书籍很快就会过时，更需要及时阅读相关的图书。

2）从读者到作者的转变

很多人认为只有专家的独到见解才能写进教材，而自己的想法还不够好，其实写作只是记录自己对一个热门话题的学习和探索的一种方式，你可以认为是在为自己写作，因为写作过程相当于二次学习。

3）积极参与学术交流

学术交流是一种非常好的学习方式，可以增加自己在某个领域的阅历，最重要的是通过学术交流，可以获得同行的实时反馈。根据学习金字塔理论，学习和吸收信息的三种最有效的方法（对应效率）是：向他人传授知识（约90%）、动手实践（约75%）、学术研讨（约50%）。

4）充分利用同事间讨论

毫无疑问，通过教科书和互联网学习有很多好处，但它仍然无法跟工程师每天与同事面对面的交流相比。提问是最好的学习方式，工程师都听说过这句话，但有些工程师并不太重视它，事实上，提问是大多数学习过程的基础，因为它可以引出你所关注的话题。

5）加入专业组织

许多专业学会定期提供交流培训，并发布行业新闻、专业调查和各种活动介绍，在加入各种专业组织时，重要的是要注意每一次努力所带来的回报。所以，作为专业组织的一员，为了利益最大化，必须投入足够的时间，积极参与组织活动。

6）在实践中学习

“实践是检验真理的唯一标准。”商用航空发动机工程师工作本身也是一个学习的过程，充分利用每个实践过程，多看、多思考、多问为什么，不放过每个提升个人思维能力的机会。同时，不断地将所学运用到商用航空发动机研发过程的各种场景中，你会收获更多。一旦你习惯了这种思维方式，就完全养成了不断学习的习惯。

## 5.3 商用航空发动机工程师如何做到持续学习

科技浪潮不停涌现，专业知识的更新换代使得持续学习成为商用航空发动机工程师的必修课，不断地学习可以提高自己的专业知识和技能水平，让自己更有竞争力。

1）学会在工作中学习

在工作过程中，有很多工作机会可以成为工程师学习的源泉，比如参加公司内部培训、听上级/专家分享经验、在工作中和同事交流经验（见图 5－1）。这些机会不仅让工程师学习了新知识，还能让工程师了解公司文化，提高工程师在公司的社交能力。

**图 5－1　在工作中和同事交流经验**

2）抓住闲暇时间学习

除了在工作中学习外，工程师还可以利用闲暇时间学习，如通过读书、听课、参加各种社会活动来提高自己的知识和技能，特别是在短视频流行的当下,通过关注科技创新类的公众号等信息源,积极思考是否和自己的工作相关?也是一种有效获取新知识的渠道。

3)学会总结

每完成一项工作后,工程师都需要学会总结和反思。通过总结,可以找出自己的问题和不足,从而更好地提升自己。在总结的过程中,也需要学会激励自己,保持对未来的信心和热情。研究表明,80%的创新发生在偏离原定测试的地方,而且是那些犯错误的人发明的。30%~50%的技术创新会在公司内部测试中失败,即使是那些投放市场的创新产品,也会有70%~90%的失败发生,最成功的创新者会尝试许多快速和低成本的实验来增加他们成功的机会。作为一名商用航空发动机工程师,必须认识到,不是每一个决定都是正确的、完美的,只有在过程中不断修改和完善,才能最终达到预期和获得最终结果。

4)保持对新知识的好奇心

由于互联网的普及,我们现在处于信息爆炸时代,在海量的信息中有大量新知识,保持对新知识的好奇心是形成持续学习能量的有效方法。每当遇到自己不懂的领域时,养成学习的习惯,学会"刨根问底",思考一下这个技术能否在商用航空发动机产品中应用?不断地积少成多,就能让自己的大脑多浮现新的创意。

5)保持身心健康

工程师需要保证自己的身心健康,以便更好地学习和工作,如注意休息、定期体检、保持乐观的心态、学会平衡工作和生活。

总的来说,学会如何在工作中不断学习是非常重要的。而只有通过不断的学习和进步,才能更好地适应现代社会的发展变化,提高自己的综合素质,发展自己的事业。

## 5.4 创新思维的意义与特征

工程师往往会对创新有多种理解，说别人没说过的话是创新，做别人没做过的事是创新，想别人没想过的创意也是创新。笔者认为，创新是指提出不同于常规或一般人的观念的见解。如利用已有的知识和资料，在商用航空发动机研发过程中，改进或创造新的零部件结构、方法，并取得一定有益效果的行为。原始创新、集成创新、引进消化吸收再创新都称之为“创新”，因为都产生了新的价值。

培养创新能力首先要具有创新思维，也称为“创造性思维”。与常规思维相比，它涉及发明或发现一种处理事物或表达事物的新方法。创新思维就是打破常规，克服习惯性思维障碍，是在逻辑思维基础上发展起来的一个相对概念，其实质在于将创新意识的感性欲望提升到理性探索，实现创新活动从感性认识到理性思考的飞跃。与传统思维相比，创新思维的特征包括新颖性、多向性、综合性、链接性和跨越性。

### 5.4.1 为什么要有创新性思维

1936 年 10 月 15 日，在美国高等教育 300 周年纪念大会上，诺贝尔物理学奖获得者阿尔伯特・爱因斯坦(Albert Einstein)表示，一个由个人组成的、没有个人独创性和个人愿望的统一标准的社会，将是一个没有发展可能性的不幸的社会。现代管理学之父彼得・德鲁克(Peter F. Drucker)说过，对于企业来说，要么创新，要么死亡。同样，商用航空发动机的研发史是一部创新史，一部创造性思维、实践和创造的历史。

从 1978 年到今天，中国制造业经历了从低端市场逐渐向上迁移的过程。传统观点认为，中国竞争优势的获得很大程度上取决于工程师的劳动力人口红利和工程师的后发优势。但实际上，人口红利只是一个方面，不足以解释为什么工程师的竞争优势能够持续。尤其是其他东南亚国家，在产业转移过程中也有显著的人口红利，但为什么不能成为世界制造业工厂？其中一个重要原因在于中国人的创新。

今天中国的优秀企业，无论是华为还是小米，腾讯还是字节跳动，都依靠独特的创新占据了市场，再看今天的中国的汽车制造业，利用新能源产业发展机遇，抓住了转型赛道超车的机会，这种赛道转换代表了技术的转型和升级，都是技术创新发展带来的成果。

创新不是一蹴而就的，也不是转瞬即逝的灵感。创新是一种系统的方法，嵌入在市场和技术转让的过程中。这些都为商用航空发动机的研发创新和商用航空发动机创新思维能力的培养提供了可借鉴的思路。培养和提高商用航空发动机工程师创新思维能力的重要性主要体现在以下两个方面：

(1) 培养和提高创新思维能力有助于培养更多的高层次拔尖人才，促进有国际竞争力的商用航空发动机的研制。

从世界范围来看，无论是发达国家还是发展中国家，都在努力抢占人才制高点，吸引大批高层次、拔尖创新人才。培养高层次拔尖创新人才的一个必不可少的措施就是培养和提高他们的创新思维能力。因为只有具备创新思维能力，创新人才才能成为拔尖人才，拔尖人才才能成为高层次人才，高层次人才才能成为顶尖人才。因为创新思维贯穿于科学研究的全过程，如果一个人不具备创造性思维的能力，那么他很可能会不知所措，最终可能会跟不上时代的步伐。

(2) 培养和提高创新思维能力是促进商用航空发动机工程师个人全面进步、立于不败之地的根本要求。

一个人的成长和成功包括很多内容，包括专业能力的学习、思想境界的提升、实践能力的锻炼。但无论是专业学习，还是思想认识，甚至是社会实践，都不能缺乏创新思维能力。创新是推动人们不断进步的根本力量，它伴随着工程师个人的成长，如果工程师不具备任何创新思维能力，其成长很可能会停滞不前。而有了一定水平的创新思维能力，才能发展得更从容,优势更突出。

总之,培养和提高创新思维能力是商用航空发动机企业发展的需要,也是个人发展的需要,具有重要的现实意义。

### 5.4.2 创新思维的三大障碍

作为一名商用航空发动机工程师,应该清晰地意识到创新思维的三大障碍:固定思维、惯性思维、封闭思维。

1) 固定思维

你的思维固定在哪里,你的思维就会在那个牛角尖上出不来,你的创新思维就无法展现。为什么思想会固定在那里?这种心态是怎么形成的?一个是权威,一个是从众。一旦权威说了,工程师就不能再说了,所以被困在那里了。还有从众心理,个体盲目而不合理地顺应群体,顺应经验,也同样把工程师的思维固定在了那里。

心灵一旦进入死角,智力就在常人之下,一旦你的思维进入死角,变得固定,你的智力,也会低于常人的。所以,工程师要拥有创新思维,第一步就是打破思维定式。

2) 惯性思维

惯性思维是一种传统思维。比如老师问学生:有个聋哑人,不会说话也听不见,他去五金店买了个钉子,但是他不会说话怎么办?学生回答:画了一根钉子。然后老师说:五金店又来了一个盲人,想买剪刀,他如何用最简单的方式来表达呢?有学生顺口就说:画画,这就是惯性思维。盲人看不见是不能画画的,但可以通过语言沟通,情况变化了,还用老办法行不通了。

3) 封闭思维

我们都学过"坐井观天"的寓言故事。如果你的思维和眼界不广阔、不开放,那么你的思维也会封闭的。那么工程师该怎么办呢?工程师需要努力地开放视野,吸收更多的信息、知识,养成多方向的思维习惯。

### 5.4.3 创新思维的特征和种类

创新思维的本质在于用新的视角和思维方法解决现有问题、创造新事物。创新思维的特征举例说明如下。

1) 联想性

创新思维的联想性是将看似不相关的事物联系起来达到创新过程的特性。联想思维可以利用现有的经验进行创新,例如从汽车行业的电动化技术出发,可以联想到航空行业的电动化技术的应用场景等;还可以利用他人的发明或创造进行创新。联想是创新者进行创造性思维时经常使用的方法,也是比较容易见到效果的方法。

2) 发散性

创新思维的发散性是从某一点出发,没有一定的方向和范围的开放性思维特性。它主张打开大门,打开思想之网,冲破一切藩篱,努力接收更多信息,可以想得很大,甚至幻想。人的行动自由可能受到各种条件的限制,但人的思维活动有一个无限广阔的世界,是任何其他外在因素都难以限制的。

发散思维是创新思维的核心。发散思维可以产生无数可供选择的选项、方法和建议,并可以提供一些独特的、意想不到的见解,使一些看似无法解决的问题得以轻松解决。

3) 可逆性

创新思维的可逆性是一种与常规思维方向相反的思维特性。如果把传统观念、常规经验、权威言论奉为金科玉律,往往会阻碍工程师创新思维活动的开展。所以,当长期面对新的或无法解决的问题时,不要习惯于沿着前人或自己形成的固有思路去思考,而是从反方向寻求解决方案。

4) 综合性

创新思维的综合性是把对事物各方面、各部分、各属性的认识统一到一个整体上，以把握事物的本质和规律的一种思维特性。综合思维不是随意主观地拼凑事物的各个部分、侧面、属性的过程，也不是机械地相加，而是一种根据事物内在的、不可避免的和本质的联系再现整个事物的思维方式。

1961—1992年期间，美国组织实施了“阿波罗登月计划”一系列载人登月飞行任务，有42万多名科学家和工程师参加，参加单位2万多个，耗资300多亿美元。美国“阿波罗登月计划”总负责人韦伯曾指出，“阿波罗登月计划”中没有新发明的技术，都是现成的技术，关键在于集成。可见，“阿波罗登月计划”是充分运用综合思维方法的最佳创新案例。

创新思维的类型包括以下3种：

(1) 差异化的创造性思维。

(2) 探索的创新思维。

(3) 优化的创新思维。

创新解决问题的先决条件是对问题的批判性分析。因此，要实现商用航空发动机技术的进步，不仅要培养工程师的创新思维意识，还要让他们掌握批判性思维技能。

## 5.5 商用航空发动机工程师创新工具与方法

在商用航空发动机研发过程中，思维创新方法论具有显著的优势，工程师们需要掌握和遵循。

### 5.5.1 掌握创新工具

商用航空发动机技术领域众多，且技术创新需求受外部环境（市场、政策及客户需求等）和内部环境（技术储备等）影响，存在较大的不确定性。俗话说，工欲善其事必先利其器。要想形成企业的创新能力，大力提倡和推广应用创新工具是一条捷径。

发明问题解决理论(teoriya resheniya izobreatatelskikh zadatch，TRIZ)可以强化工程师在竞争过程中的问题分析环节，帮助工程师全面系统地了解问题的情景，准确地定义和描述技术问题，让所开展的工作定位更准、更快，实现靶向发力，精准施策，是最常用的创新理论方法。

TRIZ快速解决问题的过程包含3个部分。

(1) 问题分析：经过功能分析、因果分析、资源分析等对问题的根本原因和求解资源进行挖掘。

(2) 问题解决：分别根据矛盾模型、物理模型、功能模型选择发明原理、标准解或效应知识库进行问题求解，形成概念方案。

(3) 方案的评估与实施。

TRIZ流程框架如图5-2所示。

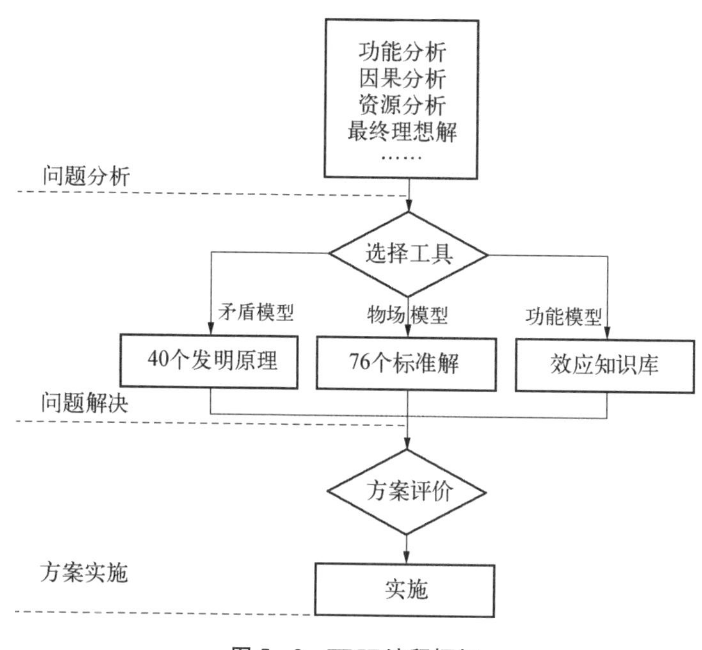


图5-2 TRIZ流程框架

### 5.5.2 培养创新思维

商用航空发动机工程师培养创新思维，要对下面的原则具有一个基本的认同。

1）建立以人为中心的概念

创新思维应坚持以人为本、以用户为中心的理念，才能创造出真正满足需求，甚至超越用户期望的产品或服务。因此，社会心理学的应用贯穿于创新设计思维和实践的全过程，从深入了解用户需求入手，以用户反馈和满意度为价值评价标准。追求设计和创造让用户惊喜的产品或服务，在这种理念的指导下，可以真正以市场和消费者为中心，保证创新价值，提高创新成功率。

2）坚持价值导向的创新模式

任何设计研发活动及其个体都有其特定的目标取向，设计思维创新活动也不例外。设计思维创新本身遵循以人为本，以用户为中心的理念，以探索和满足用户需求为目标。因此，为用户提供价值创新是所有创新活动的目标。任何人、团队、组织的创意孵化、创新活动、创业行为，都必须以提供创新价值为目标。

3）遵循开放和综合的方法论

从根本上说，创新思维不是一门独特的学科，而是来自多个学科领域的知识和工具的融合，这就决定了它本身是一个开放的体系。这就是说虽然都秉承人本主义的理念，但不同组织所采用的创新思维和创新工具可能会有很大差异。

4）灵活使用结构化过程工具

创新就是打破常规，突破固有的习惯和流程，所以可以说创新既是科学的，更是艺术的，这也给如何创新，采用什么具体流程和工具带来了巨大的挑战。因此，创新思维需要融合社会科学、工程技术科学、自然科学等各个学科的理论，在一定程度上形成某种以人为本的创新模式，还需要集成来自不同学科的专门工具来解决特定问题。

结构化的过程工具，就像一个菜谱，即使是从来没有做过菜的人，按照菜谱做菜也不会有太差的结果。但想要做出顶级美味的菜肴，还需要灵活运用各种工具，而不是一味地照搬照抄，这正是设计思维创新可以学习和自我利用的原因。

5）跨专业团队工作模式

创新思维往往需要采用跨专业团队合作模式，基于明确的创新价值目标，组织不同领域的成员进行跨界合作，促进和孵化更多优秀的创意，提高创新效率。跨专业团队本身是一种合作创新产品的组织形式，来自不同领域的团队成员可以从不同的角度提供创造性的贡献，在避免狭隘的自我提升的同时，刺激更多独特和创新想法的产生。

创新思维训练的常用方法包括如下几个：

（1）头脑风暴：针对某个话题集思广益，把想到地写在一张纸上，暂时不做任何处理或判断。

（2）放松思维：允许自己在散步或做其他活动时心情放松的思考。

（3）图论：在纸上画出理论思路。

（4）反复自我提问：对同一个问题反复思考，每次提供不同的答案。

（5）组合思维：将多个不同的想法组合起来，看能否产生更多的想法。

（6）联想：借鉴其他行业经验，联想式思考。

但是，还应该意识到，创新思维的定义是建立在结果的倒推基础上的，就像“××成功人士的成功秘诀”一样，仅能作为参考。

### 5.5.3 如何在研发中发挥创新思维的作用

工程师的年龄、文化、知识和教育背景各不相同，因此他们的创新思维能力也各不相同，以下几点有助于发挥创新思维作用的建议可供商用航空发动机工程师参考。

1）创造无畏的环境

要释放创造力，工程师们应该无所畏惧，只有无畏才能创造。积极开发创新思维，首先要充满好奇心，尤其是对那些司空见惯、视而不见的问题，你需要多问为什么。另外，还要有丰富的想象力，这是创造性表达的前提，也是基础，哪怕是异想天开。

2）保持良好的心态

创新需要良好的心态。这种良好的心态是一种积极向上的心境和坚持不懈的努力。

3）擅长交换信息

创新思维的火花是通过信息交流产生的。通过交流，启发创新思维，创意就出来了。

4）勇于实践

任何创新都是人做的，在工作中要勇于创新实践，才有可能产出创新成果。

5）加强协作意识

工程师今天的创新和创造力，个人的作用非常重要，但合作也是必要的，尤其是在当今世界，高科技要求全球合作，商用航空发动机工程师也应该善于利用团队和团体的力量，通过合作提升创新思维和创造力。

## 5.6 本章小结

持续学习能力是一名卓越商用航空发动机工程师应具备的高级能力之一。本章讲述了作为一名商用航空发动机工程师，通过持续学习成长的方法。学历代表过去，学习能力才代表未来，那些能够持续学习的人才能有长足进步。而这一定律，无论是对普通员工，还是对优秀员工都适用，只有坚持学习，才能在自己的人生赛道中越跑越远。

创新思维是商用航空发动机工程师应该培养和具备的另一种高级能力。只有拥有一大批具备创新思维的工程师，商用航空发动机产品才能实现创新。

# 第6章

# 竞争意识的养成

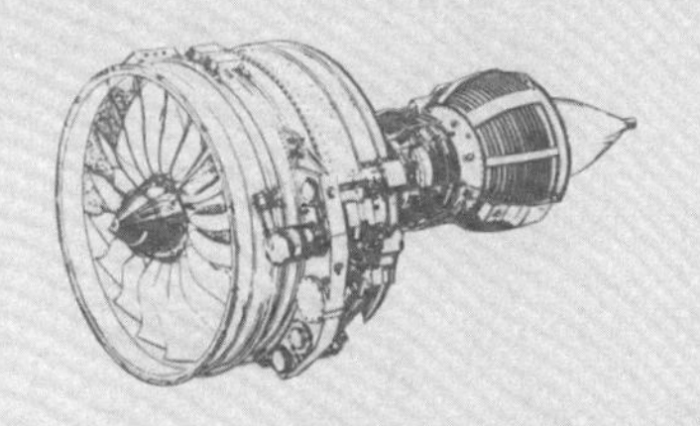

商用航空发动机的复杂性和全球竞争性给工程师带来了相当大的挑战。作为商用航空发动机工程师，一方面需要面对高度复杂和集成的技术挑战，另一方面还面临着同行技术进步带来的挑战，要想在商用航空发动机产业中立足，竞争意识是必备的本领。本章从商用航空发动机行业工程师竞争特点出发，主要讲述如何通过获取知识提升竞争力、如何快速建立竞争优势，以典型案例说明竞争优势的产生存在方法和技巧。

## 6.1 如何提升竞争力

在人工智能和知识爆炸的时代，作为商用航空发动机工程师，我们要如何提升竞争力，培养和强化自己的不可替代性，在职场中持续闯关？总结起来，有四个意识可以培养，包括把握机遇、明确目标、提升能力、敢于胜利。

### 6.1.1 把握机遇

机遇常常在意想不到的时刻到来。对于商用航空发动机工程师来说，在研发过程中面临着大量的机遇，这些机遇可能是技术方面的、可能是效率方面的、也可能是效益方面的。如果你得到了一个机遇，那么你就比其他同事先迈上了一个台阶，略胜一筹，在事业上前进了一大步，你设计的产品也会比别人更具有竞争力，而没有机遇就只能蓄势待发。机遇特别少，并且稍纵即逝。因此，个人和产品想快速发展就要抓住机遇，面对工作中的机遇，不要犹豫，拿出破釜沉舟的勇气，大胆抓住它。

除了持续学习、加强知识储备、改进思考外，工程师一定要成为一个有心人，经常思考，经常提出问题并解决问题，随着认识的不断提高，把握机遇的能力就会越来越强。

### 6.1.2 明确目标

一个工程师想向哪个方向发展，需要通过制定明确的目标来引导自己，只有确立了目标，才能激励自己努力奋斗，并积极创造条件去实现目标。对于一个商用航空发动机工程师来说，除了有总的目标以外，不同阶段还应该设立阶段分目标，通过逐步达到各个阶段的目标来实现总的目标。对于初级工程师来说，可以以解决某个具体问题为目标，如对于主管工程师来说，可以以某个项目或者零件的全寿命周期设计为目标；对于副主任工程师来说，可以以某个领域的前沿问题解决为目标；对于主任工程师来说，可以以某个技术领域开拓为目标。

树立目标时要结合自身实际情况，综合个人的优势、劣势、挑战、机遇等方面，兼顾目标的可达性与引领性，综合衡量后确定。

### 6.1.3 提升能力

作为商用航空发动机工程师，要尽可能具备全面知识和技能。一方面，要进一步挖掘深度；另一方面，要拓展广度。深度指专业的技术能力，广度指全面发展自身的综合素质能力。如总体设计工程师，则要多掌握部件设计的知识；如性能专业的设计工程师，则要多掌握结构强度专业的知识；如结构设计工程师，则要多掌握气动热力等专业知识。除此之外，还可以学习一些管理知识，让自己掌握的知识更加全面，构成自己的知识体系。坚持综合各方面知识，相信对知识学无止境的行动力，将会带来由内而外的提升，为自己的发展注入活力。《我是怎么设计商用航空发动机的》一书描述了如何从一名数学、流体等基础学科的研究人员，成长为一名真正意义上的工程师，其中谦逊的学习心态、认真解决问题的态度、实事求是的工程经验都是值得工程师们借鉴的宝贵财富。

### 6.1.4 敢于胜利

商用航空发动机是一项极其复杂的系统工程，其研制过程是一个漫长而曲折的征途，作为该领域的工程师，要具有敢于斗争、敢于胜利的精神品质。敢于斗争、敢于胜利，必然会信心满满，斗志昂扬，充满工作激情和热情。敢于斗争、敢于胜利，一是要学会解放思想、开拓创新，自觉把思想认识从不合时宜的观念、做法和束缚中解放出来，要有“敢教日月换新天”的豪情斗志；二是要学会逢山开路、遇水架桥，以终为始，不达目标不罢休，具有“抓铁有痕，踏石留印，久久为功”的坚韧；三是要学会满怀信心、攻坚克难，敢于解决一个个难点，具有“越是艰险越向前”的勇毅品质。

## 6.2 如何快速建立竞争优势

在全球新一轮科技和产业变革背景下，世界各国均提出了新型工业发展战略。人工智能、工业互联网、大数据、云计算等新一代数字技术的创新应用，为商用航空发动机研发提供了更多的机遇。在这种背景下，如何快速建立竞争优势及快速占领制高点，是摆在工程师面前的一个挑战。对于如何快速建立优势，有两方面意识可以培养，包括把握关键、内驱加速。

### 6.2.1 把握关键

针对时间较为迫切或者周期较为紧张的竞争，第一重要的是抓住事情的关键点。抓关键就是抓住一个系统中的要害，抓主要矛盾。如果我们想在复杂的竞争中快速获得优势，那么就要学会找到关键点，高效率解决问题，做到事半功倍。

因此,通过对复杂局面系统思考、全面分析后,找出主要矛盾,学会抓主要矛盾,就把握了问题的关键。

### 6.2.2 内驱加速

内驱力是在需要的基础上产生的一种内部唤醒状态或紧张状态,表现为推动有机体活动以达到满足需要的内部动力。它是最能够激励和调动我们积极性的方法,使我们拥有探索新事物、把事情做好的欲望。对于商用航空发动机工程师来说,是否拥有内驱力,是两种完全不同的表现。拥有内驱力的人,会更加积极上进,工作充满激情,会主动去思考问题。如果没有内驱力,便只求完成任务,每天按部就班,做完该做的工作,也不去主动思考。因此,要想快速获得竞争优势,必须要加速内驱力,从而享受工作的快乐,实现择一事、终一生。

内驱力的培养要靠精神文明的积累,方法很多,培养爱国主义情怀就会增强内驱力。“科学无国界,科学家有祖国”,要注重培养自己的爱国主义精神,“每一场国际谈判都是一次爱国主义教育”,有国才有家,中华民族要屹立于世界民族之林,我们必须强大起来,我们的高端制造也必须强大起来,我们每个从业人员匹夫有责!每每想到自己身上神圣的职责,内驱力油然而生。

## 6.3 本章小结

商用航空发动机的研制是一项复杂的系统工程,也是各种技术高度集成的创新载体,作为商用航空发动机的工程师,竞争意识是一个必备的要素。为了能够在复杂的竞争中快速建立优势,需要充分把握机遇、明确目标、提升能力、敢于胜利,同时还要把握关键,以极高的内驱力来加速形成竞争优势。

# 第7章

# 质量意识的养成

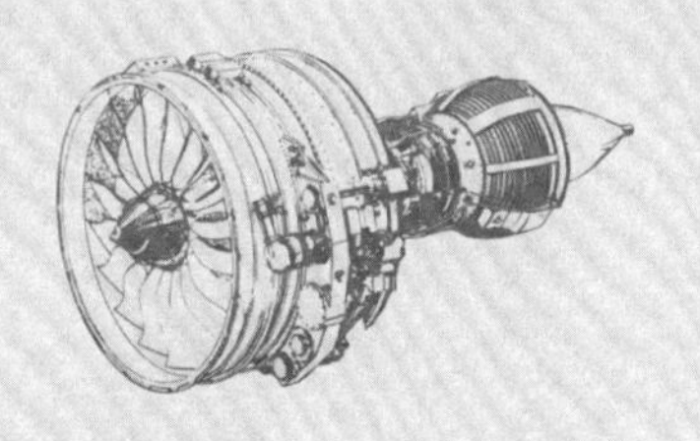

商用航空发动机的研制过程极其复杂，实物发动机产品涉及数万个零部件的组合装配，质量管理水平的高低直接影响着商用航空发动机产品的可靠性和安全指标等方方面面。工程师作为商用航空发动机研制的核心人员，其质量认知、质量水平和能力尤为重要。从学校进入职场，从学生成长为一名“高精尖”的商用航空发动机工程师，在其综合能力培养过程中，质量素养不可或缺。

本章从如何认识质量、如何认识质量意识入手，通过介绍质量管理原则、过程方法、全面质量管理活动等质量管理通用知识帮助工程师了解全面质量管理的基本理论和方法，提升对全面质量管理的认知和理解。以质量意识形成的过程为脉络，全方位引导工程师有意识地按照质量标准、流程和管理规定做事，将质量行为养成习惯，促进质量意识的养成。

## 7.1 质量大堤下的生活

人类社会有史以来就依赖着各方面的质量。在原始社会，这表现为对于天然产品或“服务”的依赖。人类只能在有限的气候温度、空气质量、食物质量等的变化范围内生存。随后，商业和科学技术的发展极大地扩展了非天然产品和服务的范围和种类，这使许多生活在现代社会中的人拥有了更长的寿命和更加安全的生活。他们在很大程度上避免了祖先们所要面对的各种危险的威胁。在工业社会，大量的人将其安全、健康，甚至日常的幸福都置于许多质量控制“堤坝”的保护之下。例如，现在人们的日常安全和健康完全依赖于制造品的质量，如药品、食品、飞机、汽车、电梯、隧道、桥梁等。在质量大堤上有着许多微小的裂缝，即货品或服务偶然出现的故障。这些故障令人气恼而且代价昂贵，那些使人恐怖的重大决口便更为严重，诸如“挑战者号”航天飞机事件、各类航空空难事故、列车脱轨等。

与其他行业相比，商用航空发动机的研制是一项系统工程，研制过程极其复杂，研制过程中除了体系和系统保证以外，人的因素也至关重要。人的因素主要体现在两个方面：一是能力，即个人是否具备商用发动机研制过程中所需要的专业能力；二是意识，即在能力具备的基础上，个人的质量意识是否满足项目研制要求。从“学生”到“职场人”，从“职场小白”成长为“职场大拿”，良好的质量意识至关重要。

### 7.1.1 如何认识质量

我们在生活中或多或少听过，甚至亲历过很多故事。如乘坐的电梯意外发生坠落，在路上开的新能源汽车发生自燃，在医院看病时医生开错了药品等，这些故事都与“质量”有密切关系，由此也引起人们对“质量”的无限争执。

有人认为质量好代表着产品的炫酷、奢侈和先进性，如先进的自动驾驶技术；有人认为质量好代表着产品不出故障、没有缺陷或服务不出错误。“高质量花费更高还是花费更低”，人们常常各执己见，半数人认为花费会更高，另一半则认为花费会更低。事实上，问题的症结在于“质量”这个词，同样的读音，同样的字形，却有着多重的含义。

质量是指客体的一组固有特性满足要求的程度——这是现在 ISO 标准中对于“质量”的定义。这一定义中的“客体”是“特性”的载体，亦即质量概念所描述的对象，不只限于产品和服务，而是泛指一切可感知或可想象到的事物。定义中的“要求”是由组织利益攸关方，如顾客、股东、员工、供应商、合作伙伴、社会、政府等提出的。反映了利益攸关方对质量概念所描述对象的需求或期望。这些要求可以是明确规定的，如零件的采购合同中对于尺寸及性能的规定；也可以是隐含或不言而喻的，如银行对客户存款的保密性；还可以是法律法规等强制规定的，如食品卫生、航空产品安全等。这一定义是从特性和要求两者之间关系的角度来描述质量的，即某种事物的特性满足某个群体要求的程度，满足的程度越高，说明质量越好；反之，则认为该事物的质量不好或差。

站在组织或生产者角度而言，“质量”一词中所包含的两个方面的含义至关重要：一是满足顾客要求的产品特征，这主要影响销售收入，质量越高费用越高；二是免于不良特性，这主要影响成本，质量越高，费用越低。具体如图 7－1 所示。

<table>
<tr><th>满足顾客要求的产品特征</th><th>免于不良特性</th></tr>
<tr><td>更高的质量使组织能够：<br>• 提升顾客满意度<br>• 使产品畅销<br>• 应对竞争要求<br>• 增加市场份额<br>• 提高销售收入<br>• 卖出较高价格<br>• 降低风险</td><td>更高的质量使组织能够：<br>• 降低差错率<br>• 减少返工和浪费<br>• 减少现场失效和保修费用<br>• 减少顾客不满<br>• 减少检验、试验<br>• 缩短新产品面世时间<br>• 提高产量、产能<br>• 改进交货绩效</td></tr>
<tr><td>主要影响销售收入，质量越高费用越高</td><td>主要影响成本，质量越高费用越低</td></tr>
</table>

**图 7－1　质量的两重含义**

人类社会的质量活动源远流长，但现代意义上的质量管理活动始于 20 世纪初。根据解决质量问题的手段和方式的不同，一般将质量管理的发展划分为三个阶段。第二次世界大战以前是第一阶段，通常称为“质量检验阶段”。这一阶段主要是通过检验的方式来控制和保证产出或转入下道工序的产品质量，企业中设立了大量检验人员的职位，专职负责产品检验，做法是从成品中挑出废品、次品，实质上是一种“事后把关”。第二阶段是从第二次世界大战开始到 20 世纪 50 年代，称为“统计质量控制阶段”。这一阶段，质量管理的重点是确保产品符合规范和标准，人们通过对工序进行分析，及时发现生产过程中的异常情况，确定产生缺陷的原因，迅速采取对策加以消除，使工序保持稳定状态。这一阶段的主要特点由以前的事后把关转变为事前的积极预防。

第三阶段是从20世纪60年代开始的全面质量管理阶段。这一阶段的特点是整个公司从上层管理人员到全体员工都参加质量管理，不仅研究、设计、制造部门参加质量管理，而且销售、材料供应部门和诸如计划、会计、人事管理、生产管理等部门也参加质量管理，是一种全过程、全员、全组织的质量管理。

### 7.1.2 如何认识质量意识

近年来，老牌航空巨头美国波音公司制造的商用客机多次发生空难事故或事件，影响客户和乘客的信心，甚至给客户带来心理阴影，给公司的发展带来不利影响，究其原因，很大程度上是波音公司的质量管理和质量文化存在问题，影响了飞机的质量。

以上说明了“质量文化”的重要性，到底什么是“质量文化”？所谓质量文化，是企业生产经营中有关质量的态度和行为模式，如何定义质量问题，如何对待质量问题，企业都会有相关的认识、态度和处理方法。这些认识、态度、和处理方法可能是明确的，也可能是不太明确的，一旦固定下来，形成常态化的模式，就是企业的质量文化。从构成层次来看，质量文化包括了精神、制度、行为、物质等4个不同的层次，不同层次的质量文化要素汇集并综合在一起，共同制约着产品质量的形成。

就工程师个人层面而言，质量文化主要体现为个人的“质量意识”，也即个人在坚守质量道德方面所确立和坚守的质量底线，具体而言，包括工程师对质量的认知和信念，以及相关的质量知识，其中最重要的是对质量的信念。质量信念可以使人形成一种意志，能够左右工程师去完成相应的质量要求，质量信念还能够左右工程师对质量的情感，因此质量信念是质量意识的核心。

工作过程中的差错通常分为有意差错、无意差错和技术性差错。除了工程师不能完全把握的由设备、工艺方法、原材料引起的技术性差错之外，几乎所有的工作差错都与质量意识有关。正是质量意识差，工程师才马马虎虎，才违反工作纪律和流程标准要求，该检查的不检查，该做的验证不去做。无意差错看起来与质量意识无关，但粗心大意也好、情绪波动也罢，都与工程师自我控制状况有关。质量意识强，工程师会在生理心理条件不好的情况下增大控制力度，减轻生理心理波动对工作质量的影响，从而保证产品质量不出问题。没有绷紧质量这根弦，不把质量放在心上，无意差错可能会更多、更严重。

质量意识不是天生的，是外界通过各种形式对我们自身进行灌输的产物。外界的灌输形式，首先表现为质量教育。质量教育是广义的，可以是正式或非正式的质量培训，也可以是各种各样的质量活动、质量宣传、质量奖惩等，还可以是反面的质量教育，如海尔公司张瑞敏怒砸不合格冰箱，但目的都是对工程师潜移默化的教育，促进工程师质量意识的形成、巩固和发展。

在质量意识得到巩固和发展的基础上，工程师的质量意识通过工程师的行为作用于相应的过程，促成了产品质量的形成。因此，一定程度上可以说，质量意识是决定产品质量的前提(见图 7 - 2) 。

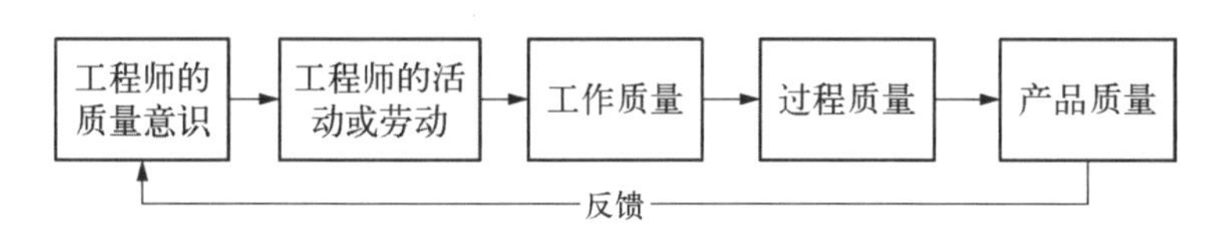


**图 7 - 2　质量意识和产品质量的关系**

## 7.2　全面质量管理通用知识

全面质量管理代表了质量管理发展的最新阶段，是以组织全员参与为基础的质量管理形式。如今，全面质量管理的范围和意义得到了进一步的扩展和深化，全面质量不仅包括产品服务质量，还包括工作质量，远远超出了一般意义上的质量管理，而成为一种综合的、全面的大质量管理方式和理念。小质量一般指合格率;大质量则是聚焦客户,全员参与,注重流程和数据,持续改进。全面质量是用工作质量来保证产品或服务质量,整个质量管理包括了设计、采购、生产制造直至储存、销售等全过程。顾客及相关方综合满意的质量,亦即大质量。此时的质量已经是产品、服务、过程和体系的大质量,综合满足顾客、股东、员工、供应商及合作伙伴、社会等利益攸关方的程度。

"小质量"观与"大质量"观的对比,如表 7-1 所示。

**表 7-1 "小质量"观与"大质量"观的对比**

| 条　目 | 小　质　量 | 大　质　量 |
|---|---|---|
| 产品 | 制造的有形产品 | 所有类型的产品,无论是否销售 |
| 过程 | 直接与产品制造相关的过程 | 包括制造、支持服务和业务在内的所有过程 |
| 产业 | 制造业 | 包括制造、服务和政府机构在内的所有行业,无论是不是营利组织 |
| 质量被视为 | 技术问题 | 经营问题 |
| 顾客 | 购买产品的主顾 | 所有受影响的人 |
| 如何认识质量 | 以职能部门倡导的质量文化为基础 | 基于具有普遍意义的"三部曲"(质量策划、质量控制、质量改进) |
| 质量目标体现在 | 工厂目标中 | 公司的经营计划中 |
| 不良质量的成本 | 与不良产品加工有关的成本 | 若每件事情都完美的话,将会消失的所有成本 |
| 质量的评价主要基于 | 与工厂规格、程序和标准的符合性 | 与顾客需要的符合程度 |
| 改进针对 | 部门绩效 | 公司绩效 |

（续 表）

| 条 目 | 小 质 量 | 大 质 量 |
|---|---|---|
| 质量管理培训 | 集中在质量部门 | 在全公司范围 |
| 协调者 | 质量经理 | 高层管理者组成的质量委员会 |

下面主要介绍全面质量管理原则、过程方法和全面质量管理活动，以帮助工程师快速掌握大质量的精髓。

### 7.2.1 全面质量管理原则

AS9100标准是在ISO9001：2015基础上，增加了航空和航天行业的特殊要求，专门为航空和航天企业制定的质量保证体系。2016年发布的AS9100D，是目前实施的最新版本。《AS9100：质量管理体系——航空、航天和国防组织的要求》中全面质量管理共包括七大原则（见图7-3）。本节具体介绍这七大原则的主要内容，以帮助工程师准确理解其内涵。

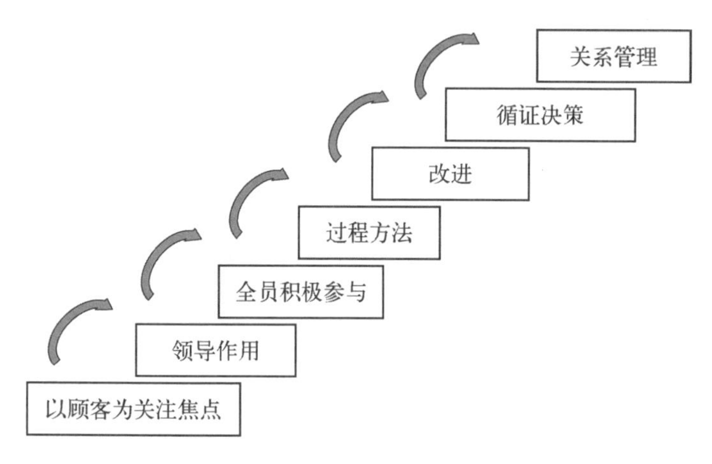


**图7-3 全面质量管理七大原则**

1）以顾客为关注焦点

质量管理的首要关注点是满足顾客要求并且努力超越顾客期望。

组织只有赢得和保持顾客以及其他相关方的信任才能获得持续成功。理解顾客和其他相关方当前和未来的需求,有助于组织持续成功。

以顾客为关注焦点就是组织要将顾客看作自己的衣食父母,认识到失去了顾客便失去了组织存在的价值。因此,组织要急顾客所急,想顾客所想,倾听顾客的声音,满足并超越顾客期望。

2）领导作用

各级领导确立统一的宗旨和方向,创造全员积极参与实现组织的质量目标的条件,并动员全体工程师参与质量管理体系的各项活动。统一的宗旨和方向的建立,以及全员的积极参与,能够使组织将战略、方针、过程和资源协调一致,有利于实现目标。

3）全员积极参与

组织的质量管理是通过组织内各职能、各层次人员参与产品实现过程,以及支持过程来实施的。过程的有效性取决于各级人员的意识、能力和主动精神。整个组织内各级积极参与的人员,是提高组织创造和提供价值能力的必要条件。各级人员都是组织之本,只有他们的充分参与,才能使他们的才干为组织带来收益,组织之间的竞争说到底是人才的竞争。人人充分参与是组织良好运作的前提,而全员参与的核心是调动人的积极性。当每个人的才干得到充分发挥并能实现创新和持续改进时,组织将会获得最大收益。表彰、授权和提高能力,能够促进全员积极参与,帮助组织实现设定的质量目标。

4）过程方法

质量管理体系是由相互关联的过程所组成的。过程方法就是把做每一件事都看作一个过程,事前都应策划好如何去做,按策划实施,在过程中不断检查存在哪些不足,并不断总结处置。这种持续改进工作的循环过程,使过程处于动态的受控状态,也就是对过程进行识别和管理,可以更高效地得到期望的结果。例如,在采购物资前应对供方进行评价和选择,在采购物资过程中应清楚地阐述采购要求,在采购物资后应对采购的产品进行验证,并对验证的结果进行数据分析,从而重新评价供方。这种对管理过程循环不断地进行识别和管理的方法,就是“过程方法”。

5) 改进

成功的组织持续关注改进。改进对于组织保持当前的绩效水平,对其内外部条件的变化做出反应并创造新的机会都是非常必要的。

持续改进则强调了组织的管理体系、过程和产品的不断完善和改进,它是一个永恒的循环活动。这种管理理念可以促进组织在管理体系的运行过程中不断寻找改进机会,增强竞争能力。例如,可通过调整组织的质量目标,进行内部审核、管理评审、开展合理化建议、质量控制(quality control, QC)小组活动等,不断进行产品、过程或整个管理体系的改进。

6) 循证决策

决策是一个复杂的过程,总会包含某些不确定性。它经常涉及多种类型和来源的输入及其理解,而这些理解可能是主观的。基于数据、信息的分析总结和评价的决策,更有可能产生期望的结果。对事实、决策和数据的分析可使决策更加客观、可信。同时,要强调用数据和信息来说话的方法。这种方法强调了数据和信息的收集、分析在管理体系中的重要性,用统计技术方法进行分析,从而作为决策和改进的依据。

7) 关系管理

为了持续成功,组织需要管理与有关相关方(如供方)的关系。

有关相关方会影响组织的绩效。一个组织要让顾客满意,离不开供方的支持和配合,组织和供方的关系是相互依存的。只有建立一种双赢的关系,才能增强双方价值创造的能力。

### 7.2.2 过程方法

1) 定义

系统地识别和管理组织所应用的过程,特别是这些过程之间的相互作用，称为“过程方法”。

组织通过应用过程方法，可以促进质量管理体系实现动态循环改进，从而不断提高效益。通过识别组织内的关键过程，对关键过程持续改进可促进以顾客为关注焦点、提高顾客的满意程度。过程方法还可以更加有效地分配和利用组织现有的资源，将复杂的管理工作不断简化。在这个过程中，管理者的主要任务是提出过程的输入要求，对过程的输出结果进行检查，提供必要的资源。

2）PDCA 循环

**图 7－4　PDCA 循环图**

全面质量管理的基本方法是 PDCA 循环，PDCA 循环能够应用于所有过程以及整个质量管理体系。PDCA 是策划（plan）、实施（do）、检查（check）、处置（action）英文首字母的简称，是全面质量管理反复经历的 4 个阶段（见图 7－4）。

每一个 PDCA 循环均可概括为 4 个阶段、8 个步骤，其各阶段和步骤如表 7－2 所示。

**表 7－2　PDCA 循环各阶段和步骤**

| 阶　段 | 步　　骤 |
|---|---|
| 策划（P） | （1）寻找质量问题。<br>（2）寻找产生质量问题的原因。<br>（3）从各种原因中，找出对质量影响最大的因素，即主要原因。<br>（4）针对主要原因，研究措施，制订对策和计划 |
| 实施（D） | （5）按预定计划的对策，认真执行 |
| 检查（C） | （6）检查执行效果 |
| 处置（A） | （7）巩固成绩，进行标准化。<br>（8）寻找遗留问题，为下一个 PDCA 循环提供依据 |

PDCA 循环是一个动态循环,可在组织的各过程内展开。它既和产品实施过程,又和质量管理体系过程的策划、实施、控制和持续改进密切相关。PDCA 循环的过程,就是组织在认识问题和解决问题中使质量和质量管理水平不断呈阶梯状上升的过程。PDCA 阶梯状循环图如图 7-5 所示。

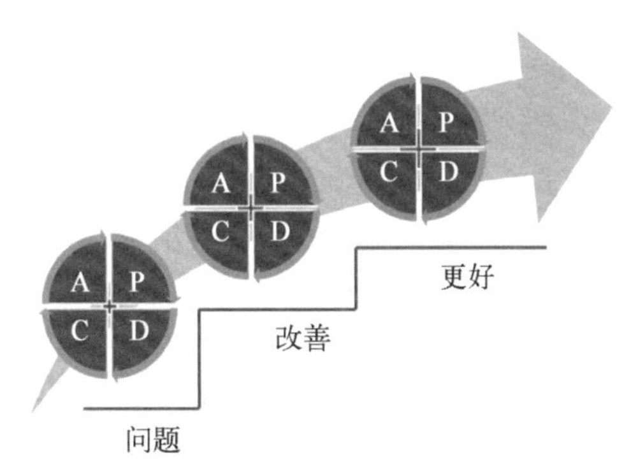


**图 7-5 PDCA 阶梯状循环图**

### 7.2.3 全面质量管理活动

全面质量管理通常包括制定质量方针、质量目标,以及质量策划、质量控制、质量保证和质量改进等活动。全面质量管理活动如图 7-6 所示。

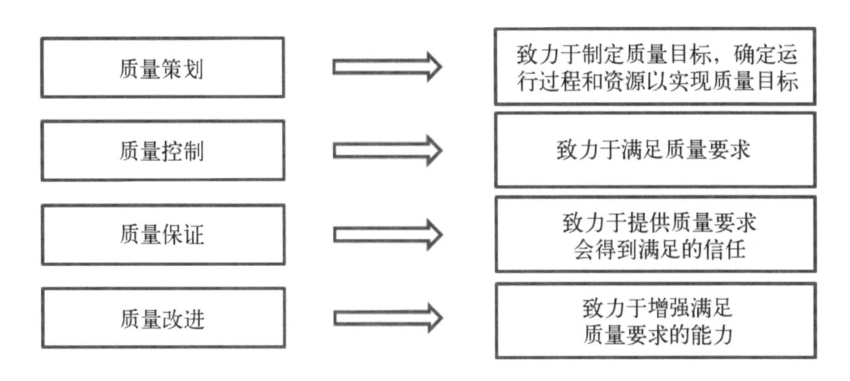


**图 7-6 全面质量管理活动**

全面质量管理活动的每个阶段都有其关注的目标和实现目标的相应手段。质量策划致力于制定质量目标并规定必要的运行过程和相关资源以实现质量目标。质量控制致力于满足质量要求。质量保证则致力于提供质量要求会得到满足的信任。在质量管理活动中,质量策划明确了质量管理所要达到的目标以及实现这些目标的途径,是质量管理的前提和基础;质量控制确保事物按照计划的方式进行,是实现质量目标的保障;质量改进则意味着质量水准的飞跃,标志着质量活动是以一种螺旋式上升的方式在不断攀登和提高。各个阶段相辅相成。

全面性指全面质量管理的对象,是组织生产经营的全过程。这就要求各级人员不仅要做好生产制造过程的质量管理,还要做好设计过程、经营管理等过程的质量管理,形成一个综合性的质量管理体系,做到预防为主,防检结合,重在提高。

1) 预防为主,持续改进

全面质量管理的重点是从事后把关转移到事前预防,从管结果转变为管因素,预防为主,把不合格(不符合)消除在萌芽状态,做到防患于未然,出现问题及时反馈,及时解决,快速闭环,不断改进。

2) 始于识别需要,终于满足需要

商用航空发动机的设计研发、生产制造过程是一环扣一环,前序工作的质量会影响后序工作的质量,这就要求每项工作的质量都要经得起后序工作的检验,满足后序工作的要求。只有每项工作在质量上都坚持高标准,严要求,时刻为后序工作着想,为后序工作提供最大的便利,商用航空发动机企业才能目标一致地、协调地生产出符合适航要求、顾客满意的商用航空发动机产品。

3) 搞好过程控制,严格按规范操作

企业的工程师应严格执行工艺规程和作业指导书,操作前做好各项准备工作,熟悉工艺要求和作业方法,检查原材料和加工设备是否符合要求;在加工过程中对各项参数和条件实施监控,确保各项参数控制在规定范围之内,确保一次把事情做好,一次把事情做对;加工后进行自检,保证加工的产品满足规范要求。

4) 监视与测量过程,不断完善体系

在质量管理体系运行过程中,组织应采用过程监视与测量的方法对质量管理体系运行情况实施日常监控,确保在质量管理体系运行中暴露出的问题,能够全面地收集上来,进行系统分析,找出根本原因,提出并实施纠正措施,使质量管理体系逐步完善、健全。

5) 全员参与质量管理,不断提升质量意识

全员指全面质量管理要依靠全体工程师。产品质量是组织的各个方面、各个部门、各个环节工作质量的综合反映。组织中任何一个环节,任何一个人的工作质量都会不同程度地直接或间接地影响着产品质量。因此,产品质量人人有责,人人关心产品质量和服务质量,人人做好本职工作,全员参加质量管理,才能生产出顾客满意的产品。

## 7.3 质量意识形成的过程

质量意识和质量行为相关性较强,二者存在辩证统一的关系。质量意识是一种深层次的心理活动,是质量行为的基础;质量行为则是质量意识的外在表现。可以看出,质量意识一定程度上决定了质量行为。

质量意识就是人员对质量的认知和态度。认知可以通过培训等外在手段来逐步提升,态度就是有没有“一次把事情做对,并对结果负责”的愿望,是由内在所决定的。具体表现:是否有意识地按照既定的质量流程及各项管理规定做事?是否能确保做出来的“产品”是符合要求的?质量意识作为全面质量管理的核心要素,直接反映了组织当前的质量管理水平,工程师作为商用航空发动机研发、制造的核心人员,质量意识的培养尤为重要。

AS9100标准里关于质量意识有如下要求:组织应确保在其控制

下工作的人员知晓质量方针；相关质量目标；他们对质量管理体系有效性的贡献，包括改进绩效的益处；不符合质量管理体系要求的后果；有关质量管理体系的成文信息及其更改；他们对于产品或服务符合性的贡献；他们对产品安全的贡献；道德行为的重要性。

这就要求商用航空发动机公司的全体工程师，为实现公司的质量方针和质量目标，要在各自的工作中严格按照组织的质量管理体系文件要求进行操作，贯彻执行相应的标准、规范等。人人树立对各自工作结果负责的态度，人人具备强的质量意识。

培养和提高商用航空发动机工程师的质量意识是一个持续的过程，须用系统思维来谋划，并且从多个方面进行努力。

### 7.3.1　系统学习质量标准

(1) 在质量意识培养中，系统学习质量标准是前提和基础，分层、分类进行培训则是主要的途径。

对工程师进行系统的质量管理知识和方法培训，内容主要包括质量管理体系基础与术语、质量管理方面的国家标准、质量管理原则、质量策划、质量控制、质量改进和质量工具方法等全面质量管理的基础知识；培训的形式可采取质量应知应会集中培训、质量交流会、质量业务竞赛、质量知识竞赛、质量先进交流分享等多种形式。分层次地培训与宣贯，确保工程师清楚了解质量标准和质量工作要点，包括质量工作流程、质量控制的方法和技术，有助于工程师掌握基本的质量管理体系框架与标准要求。如果工程师有困惑，那么需要及时提出，寻求帮助，找寻典型案例，帮助他们更好地理解质量要求。系统学习解决质量问题和改进的方法，帮助其树立“质量第一”的思想。

(2) 重视对工程师的业务能力和职业技能培训，也是提升工程师质量意识的有效途径。

首先，需要进行业务规范化操作培训，尤其对于新工程师来讲，应选操作技能最强、操作最为规范的老工程师来带教,从最开始便帮助新工程师形成较强的质量意识,严格规范工作流程和工作习惯。其次,需要对新工程师进行严格的岗前培训,提高其对工程师岗位工作内容的认知度。最后,还需要对老工程师进行定期培训,巩固其质量意识,提升技能水平,避免质量问题的出现。系统的业务和职业技能培训,可以使工程师的业务工作更加熟练,业务水平得到提升,同时也更自信,这对于质量意识的提升有很大的帮助。

商用航空发动机产品质量涉及方方面面,在公司经营管理、项目管理等过程中任何一个环节,任何一个人的工作质量都可能会不同程度地直接或间接地影响商用航空发动机的产品质量、性能和安全。系统策划,分层、分类进行针对性的质量培训,不断提升工程师的技术能力和管理能力,增强工程师的参与意识,树立主人翁意识;不断塑造工程师具备质量意识,掌握和运用质量管理的理论、方法和技术,自觉提高业务管理水平和操作技术水平,提高工作质量。商用航空发动机产品质量人人有责,人人关心商用航空发动机产品质量,做好本职工作,全员参加质量管理,才能生产出顾客满意的商用航空发动机产品。

要培养质量意识,首先要了解质量标准。通过组织全员培训和员工自学,让人人了解企业质量要求,是形成全员质量文化的基础。

### 7.3.2　明确质量职责

(1) 质量职责一般按照"业务谁主管,质量谁主抓,责任谁承担"的"三谁"质量责任机制制定。

组织需抓好质量工作的策划和部署,确保必要的资源,将质量职责落实到部门、团队、班组、岗位。明确工程师在开展各项业务工作中须遵循相关标准、规范、流程等,而工程师要保证在实施业务活动的同时落实相应的质量要求。

(2) 明确质量职责的核心在于明确职责、落实责任,这是健全和完善全面质量管理的基础。

组织需将质量职责进行细化分解，落实到具体人员，制定具体的标准，使工程师都明确自己该做什么、怎样做、需达到什么标准要求、负什么责任等，让每个岗位的工程师在具体业务工作中清楚岗位质量职责的意义，明确与其他部门或岗位的工作接口，以及对应的考核和评价方式方法，使工程师做到心中有数。工程师明确质量任务和职权，各司其职，密切配合，形成一个高效、协调、严密的质量管理工作氛围。通过质量职责的绑定，树立了明确的质量导向，能够充分调动工程师的积极性并落实责任，使工程师更好地参与质量控制、质量保证和质量改进工作。

工程师有很高的聪明才智，赋予他们权力和相应的责任，也能够激发他们的积极性和创造性。在明确职权和职责的同时，工程师要对质量做出相应的承诺，如签订质量承诺书。

(3) 强化质量责任意识，归根到底要责任到位、管理到位、落实到位、监督到位。

对待工作要有严格的要求，严密的组织，严肃的态度，严明的纪律。对于出现的质量问题，眼睛向内，自责自醒，追根溯源，主动寻求解决方法，坚持“四不放过”，摒弃当“老好人”及“和稀泥”的思想。质量责任意识提高了，才会自觉尽力避免出错。

工程师应积极参加各类质量意识的活动，如质量应知应会竞赛活动、专题讲座、征文比赛，进行质量意识培训，使其在参加活动过程中，明确商用航空发动机产品质量与自身工作质量之间存在的紧密关系，在工作中更加严格要求自己，端正工作态度，认真完成每一项工作。强化工程师的责任意识，在工作岗位上更加负责，严格履行自己应尽的义务，将自身工作质量和产品质量有机结合，负责到底，通过潜移默化，逐渐提升工程师的质量意识，为商用航空发动机产品质量保驾护航。

### 7.3.3 厚植质量文化

质量文化是全体工程师在工作中所需认同和遵循的文化理念，它与科研生产、经营管理活动有机融合，并在产品研制、生产及服务中得到落实和体现。质量文化与质量意识、质量行为密切相关。商用航空发动机产品质量的提高，归根到底要依靠全员质量文化素质的提高。面对质量问题，要从思想认识上解决问题，不是简单地以管代罚，要以人为本，大力培植健康良好的质量文化，养成高度的质量文化自觉。

（1）开展各种质量文化活动，让工程师以主人翁的身份参与质量改进中来，增强工程师对质量重要性的认同感。

关爱工程师，及时疏导心里的疑惑，让工程师体会到自己作为商用航空发动机研制的一分子，意识到“我靠商用航空发动机成长，商用航空发动机靠我发展”的深刻道理，更加自觉地把自己的生存同商用航空发动机事业紧密结合起来，从而通过质量文化的渗透、习惯的改变、规范的养成教育引导工程师以主人翁的姿态来提高质量认知，强化责任意识，坚定质量信念，厚植质量文化，形成强大的向心力和凝聚力，使工程师都养成良好的质量习惯。

（2）深入强化质量文化宣传。

以公司质量文化为核心，开展质量文化上墙等宣传活动，持续宣传质量先进、质量典型案例、典型事迹，开展质量主题研讨活动，发挥典型引领示范作用，让质量文化入脑入心。同时，通过问题曝光、专题质量分析会、低层次质量问题警示教育、建立质量档案等方式，强化全员敬畏质量之心，避免问题发生。注重抓正反两个方面的典型质量案例，结合工作实际认真查摆不足，举一反三、提炼总结、吸取教训，运用各种方式营造浓厚的商用航空发动机质量文化氛围，扎实推进质量信得过班组建设，以“QC 小组”等实践活动为契机，争先创优，扎实推进质量文化建设，深入开展丰富多彩的群众性质量文化活动，充分发挥广大职工的聪明才智和当家作主的进取精神，包括质量管理小组活动、合理化建议制度和质量相关的劳动竞赛等。在工作中加强交流，定期召开质量文化建设交流会议，交流对质量文化建设的认识、体会；探讨质量文化建设的具体做法以及从中取得的经验和成果；商讨加强商用航空发动机研制过程的质量文化建设措施与建议。积极总结凝练最佳实践案例，将质量文化建设成果应用起来。总之应该发挥创造性，采取多种形式推进质量文化宣传，激发全员参与的积极性。

(3) 形成熏陶作用。

从意识形态上引导工程师的行为习惯、言论、工作态度，提高工程师的责任感，培养工程师对本职工作的兴趣，激励和引导工程师不断提升质量管理水平和工作能力，形成人人学习质量、追求质量的良好氛围。创新意识是提高工作效率和效益的动力之源；成本意识是要树立降低质量损失成本，就是为公司创造效率的思想；执行意识是对相关工作要不折不扣执行；绩效意识是所有工作体现在结果上。工程师如果具备了创新意识、成本意识、执行意识和绩效意识，那么质量意识水平也会无形中得到提升。

(4) 通过例行会议、内部沟通和培训活动来强调质量的重要性，并鼓励工程师在日常工作中积极应用质量原则。

激发团队合作，持续改进，鼓励工程师分享经验和知识。建立一个开放的沟通文化，使工程师能够交流问题、分享最佳实践，并参与解决质量问题。建立反馈机制，鼓励工程师主动提出改进建议并参与问题解决。组织内定期进行质量回顾和评估，提供改进的机会，并将工程师的参与作为改进过程的关键部分。

通过以上方法，可以逐步培养和提高工程师的质量意识。重要的是要坚持这一过程，并与工程师建立积极的合作关系，确保他们明白质量意识对组织和个人的重要性。

## 7.4 质量意识提升实践

经过多年探索，形成了一些有效的质量意识提升实践，典型实践列举如下。

### 7.4.1 树立“一次把事情做对”的质量行为准则

“一次把事情做对”就是在做工作的时候要高标准、严要求，一次把事情做对、做到位，努力做到不反复，否则会影响工作的效率和效益，增加做事成本。

坚持“一次把事情做对”，要求每个工程师都要强化质量意识、规矩意识、责任意识，着眼做事“一次成功”，将“一次把事情做对”的理念贯彻到科研、生产、试验、维修和服务的各个环节，树立正确的质量观念，养成良好的工作行为习惯，一切按制度办，一切按程序办，一切用心办，运用有效的工具方法，通过严格控制过程质量，严守岗位职责规矩，减少工作失误，系统全面地预防质量问题的发生，特别是避免发生低层次、重复性、人为责任质量问题。

### 7.4.2 培养“诚实守信　有错必改”的质量道德观

诚信是质量工作的基本原则，诚实守信就是有法必依，立足实干，用心尽责，不掺虚假。提倡诚实守信的质量道德观，要所有工程师做到有法必依，有章必循，有诺必践，当老实人，说老实话，办老实事；而绝不是我行我素，阳奉阴违，弄虚作假，推卸责任。有错必改就是面对错误，采取正确的态度和行动，及时主动加以纠正和改进，有错必改要求在思想上坚持实事求是，在作风上坚持真抓实干，在行动上坚持履职尽责，做到不接受缺陷、不制造缺陷、不传递缺陷、不隐瞒缺陷，严格程序把关，严格质量管控，大家都本着严谨的态度讲真话、办实事，扎实做好每一项工作。

### 7.4.3 质量格言

列举如下一些关于质量的格言：

(1) 精益求精，质量至上。

(2) 严慎细实守底线，精益求精干精品。

(3) 第一次就把正确的事情做正确。

(4) 百分之一的失误，百分之百的损失。

(5) 一次做对，杜绝浪费。

(6) 每个岗位都在质量环节中，每个细节都决定质量成败。

(7) 质量意识在我心中，产品质量在我手中。

(8) 树立精品意识，规范质量行为。

(9) 把质量融入血液，用精品成就事业。

(10) 以品求立业，以质求取胜。

(11) 明确需求，预先防范，一次做对，科学衡量。

(12) 满足用户需求，追求卓越质量。

(13) 以客户为关注焦点，为客户创造价值。

(14) 质量是商用航空发动机的灵魂与生命。

(15) 质量不是来自检验，而是来源于过程的改进。

### 7.4.4 质量大师思想

列举一些质量大师及其对应的思想。

1) 朱兰

朱兰提出质量管理三部曲(质量策划、质量控制、质量改进)。

2) 戴明

戴明提出十四条：

(1) 树立改进产品和服务的长久使命，以使企业保持竞争力，确保企业的生存和发展并向人们提供工作机会。

(2) 接受新的理念。在一个新的经济时代,管理者必须意识到自己的责任,直面挑战,领导变革。

(3) 不要将质量依赖于检验。要从一开始就将质量渗透或融入产品之中,从而消除检验的必要。

(4) 不要只是根据价格来做生意,要着眼于总成本最低。要立足于长期的忠诚和信任,最终做到一种物品只同一个供应商打交道。

(5) 通过持续不断地改进生产和服务系统来实现质量、生产率的改进和成本的降低。

(6) 做好培训。由于缺乏系统的培训,人们常常因不懂得如何工作而无法把工作做好。

(7) 进行领导。领导意味着帮助人们把工作做好,而非指手画脚或惩罚吓唬。

(8) 消除恐惧使得每个人都能为组织有效工作。

(9) 拆除部门间的壁垒。不同部门的成员应当以一种团队方式工作,以发现和解决产品和服务在生产和使用中可能会遇到的问题。

(10) 取消面向一般工程师的口号、标语和数字目标。质量和生产率低下的大部分原因在于系统,一般工程师不可能解决所有这些问题。

(11) 取消定额或指标。定额关心的只是数量而非质量,人们为了追求定额目标,可能会不惜任何代价,包括牺牲组织的利益在内。

(12) 消除影响工作完善的障碍。人们渴望把工作做好,但不得法的管理者、不适当的设备、有缺陷的材料等会对人们造成阻碍,这些因素必须消除。

(13) 开展强有力的教育和自我提高活动。组织的每一个成员都应不断发展自己,以适应未来的要求。

(14) 使组织中的每个人都行动起来去实现转变。

3）克劳士比

克劳士比提出质量管理四项基本定理：

（1）定理一：质量就是符合标准。

（2）定理二：防患于未然的质量管理制度。

（3）定理三：唯一的业绩标准是零缺陷。

（4）定理四：唯一的业绩测量指标是质量成本，即第一次把工作做正确是最经济的。

4）费根堡姆

费根堡姆提出全面质量管理（total quality management，TQM）四个基本原则：

（1）竞争意味着不存在永久的质量水平。

（2）良好的管理应努力通过调动组织的质量知识、技能，使每个人相信改进会使事情变得更好。

（3）成功的创新要有高质量来支撑，特别需要更快、更好的新产品的支持。

（4）成本和质量是相互补充而不是相互矛盾的。

5）石川馨

石川馨提出全公司的质量管理理念：

（1）坚持质量第一而不是短期利益第一。

（2）消费者导向。

（3）下一道工序是你的顾客。

（4）用事实和数据说话。

（5）尊重员工，员工参与管理。

（6）跨职能管理。

6）田口玄一

田口玄一提出产品质量首先是设计出来的，其次才是制造出来的，质量控制应该从制造阶段进一步提升到设计阶段。

## 7.5 本章小结

商用航空发动机项目研制过程极其复杂,研制活动周期长、费用高、意义大,且对商用航空发动机的质量和可靠性要求异常严苛。商用航空发动机工程师作为项目研制过程中的核心关键角色,其质量意识的高低一定程度上代表了商用航空发动机企业的质量管理水平,也决定了商用航空发动机产品的质量水平和可靠性水平,甚至影响着企业的长远发展。提升商用航空发动机工程师的质量意识是一项极其重要的工作。

航空产品,人命关天,心有所畏,行有所止。商用航空发动机工程师应自觉提升自身质量意识,时刻牢记质量要求,多学习、多实践,知行合一,逐步提升质量意识。

# 第8章

# 如何撰写报告

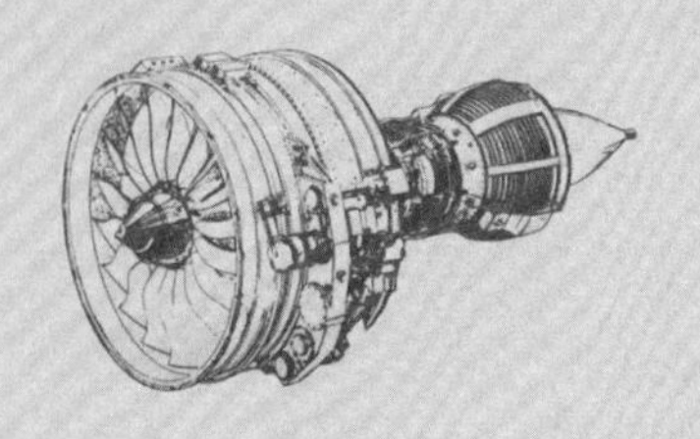

对于商用航空发动机工程师来说，撰写各类报告、论文、项目建议书或汇报 PPT 的是一项基本任务，写作水平对于工程师来说也是一项基本的技能，也能反映出工程师的各项素质。本章旨在帮助那些在报告/论文/建议书/PPT 遇到困难的读者，通过介绍撰写方法并融入作者经验，以期提升撰写材料的能力。

## 8.1 策划和搜集撰写材料

要编写好的报告/论文/建议书，其结构需要良好的策划和设计。与任何的策划和设计活动一样，它具有很多的步骤(见图 8－1)。这里使用了工程设计的语言，便于以工程师的思维理解。

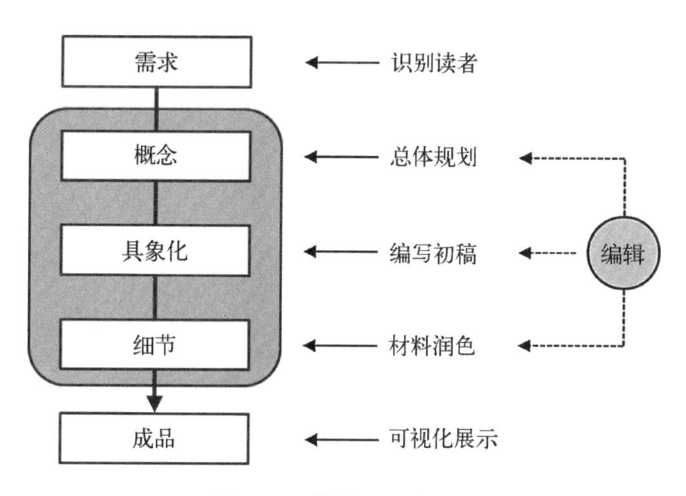


图 8－1　策划和设计流程

设计一篇报告/论文/建议书具有如下五个基本步骤：

(1) 需求。

撰写材料的目的是满足客户的需要，因此撰写材料的首要考虑是材料的目的是什么？哪些人会去阅读它？读者会如何使用它？这些问题会帮助你决定文档的长度、描述细节的程度以及写作风格。

(2) 概念。

好的写作需要有一个计划。作者有不同的方式去制订计划。对于概念来说，创作草稿是一个好方法。创作草稿就是在白纸上打草稿，把想法和思路画出来，形成基本概念。

(3) 具象化。

具象化就是写一个初稿。将内容写在纸上，不用去担心风格；每一章节都写一份草稿，开展计算，绘制草图，罗列引用。

(4) 细节。

细节是精雕细琢：论文内容的清晰、平衡以及可读性。总而言之，要形成自己的风格。

(5) 成品。

样貌很重要：好的布局、清晰的标题以及精心设计的图片。

接下来的各节将依次介绍这些内容。

## 8.2 需求：读者是谁？

需求来自读者。换位思考：如果你是他们，你希望读到什么？

以大学毕业论文为例，毕业论文的读者就是文章的考核者。他们希望你提供研究的所有相关部分的详细信息：你的选题依据、研究的背景，你研究内容，你的创新，你的结论以及你对本研究领域的展望等。他们不需要不相关的部分，如标准设备的细节等。

一篇学术论文会由多位经验丰富的审稿人阅读。如果它被接收的话，也会有专业的读者来阅读。

一份项目建议书通常涉及两个需求。一个是提供资助的机构，如自然科学基金、其他政府机构或者基金会等。他们会寻求自己的需求与你的需求的匹配程度。另一个是裁判机构，他们会判断项目的质量、承诺以及相关性。更多技术写作的需求如图 8-2 所示。

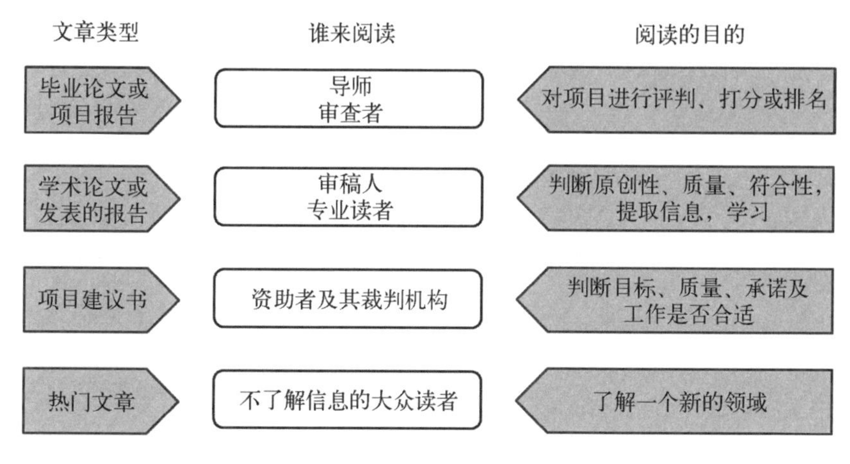


图 8-2 技术写作的需求

要写一篇热门文章是很难的，但是也有它的规律和方法，假设文章针对的读者此前并不了解我们研究的内容。在这种情况下，文章的风格就显得很重要，必须充分润色以满足他们的需求。

## 8.3 概念：编写创作草稿

当你无法写作时，主要是因为你不知道要写些什么。此时，第一件事就是组织你的思维。喝杯咖啡，准备一张 A3 纸并将其横放，为其设定一个暂定的标题并将其写在顶部。然后，以尽可能有序的方式，写下合理的章节标题，每个标题都放在一个大的框中。在每个框中写下你能够想到的对应的内容，如段落标题、图表、想法等。同时，思考还有哪些需要进一步完成的工作，并将其放入章节对应的框旁的气泡中，画一个箭头来表示其适合的位置。接下来就是转移注意力，忘记细枝末节，并开始认真思考。

纸上应当写些什么？还有哪些相关的动作？将它们都写下来。此时你可能会意识到还需要一个额外的章节来放置这些内容。进一步，你会发现章节的顺序也需要改善，那么就用箭头来指示新的顺序。

这些听上去都像小孩子的游戏，但事实并非如此。它的价值在于其允许思想自由。这是你写作的第一个动作，允许你的思维贯穿整篇文章，探索各个部分结合在一起的方式。这样的话，无论你从哪个部分开始正式写作，都可以对文章的整体有所把控。这是写作时最重要的一步。后续的步骤会很花时间，会很有难度，就如同从石头里挤水一样，但这一步并非如此。这一步，是发挥创造力的时候，创作草稿，是通往你的目的地的线路图。

## 8.4 具象化：初稿

现在要开始辛苦的工作了。将工作分解为多个部分。下面给出了最常见的写作的各个部分。论文通常不是按顺序写作的，你可以按任意顺序开展写作。将科学事实和技术细节写下来，形成想法，规划要绘制的图表。如果有好的表达观点的方式，就使用它们。但在写作时，不要转移精力。接下去介绍写作的各个部分。

(1) 标题。

标题需要有意义且简短，建议采用四号粗体字，如

**泡沫金属的疲劳**

比

**多孔泡沫铝和气体注入泡沫金属结构在单轴周期加载下的结构响应**

更好。

(2) 摘要。

尝试各通过一句话概括研究目的、研究方法、关键结果和结论。针对以上任意一项,无论如何不要超过三句话。

阅读摘要的读者都是被标题所吸引,他们想要知道是否应该继续阅读此文献,所以通过尽可能少的句子告诉他们答案。

(3) 引言。

需要解决的问题是什么?

为什么需要解决这个问题?

谁是主要贡献者?

他们做了什么?

你有什么更新的想法来解决此问题?

概述要研究的问题,并且说明为何这个问题值得研究。开展文献综述,简要介绍此问题的主要研究人员以及行业研究现状。给出读者需要的关键信息以方便读者理解接下来要开展的工作。说明你将要开展哪些前人未开展过的工作(如新的试验方法、新的数据、新的模型、新的机理等),这一部分需要尽可能保持简短。

(4) 方法。

试验类论文需要包括设备、材料、方法;建模类论文需要包括假设、数学工具、方法;计算类论文需要包括输入、计算工具、方法等。

一方面,写作时需要解释论文提出的方法的特别之处,给出充足的细节,使读者可以复现文章的内容。不要将方法和结果或讨论混为一谈。

记得要一边撰写论文的方法部分,一边罗列参考文献。

另一方面,科学的原则之一就是一篇论文应当包含足够多的细节,以便其他人能够复现该工作。

(5) 结果。

给出试验、模型或计算的结果。不要混淆结果与讨论。

这也是论文中比较容易撰写的一部分。简单地罗列你的结果，不要带有观点和解释。定义所有的符号和单位，并将结果以其他人都能使用的方式来呈现。给出的结果应当是有意义的，避免给出任何可能会产生歧义的结果。

(6) 讨论。

首先，提取机理、关系；其次，提出分析或者理论；再次，建立模型；最后，显示结果和分析、模型之间的关系。

论文的讨论部分就是描述想法、模型和理论，并引导读者将其与试验或计算结果进行比较。

(7) 结论。

写下最重要的结论及其影响，并列出结论的限制条件。

浏览论文的读者会读摘要和结论，浏览图、表并继续阅读文章的其余部分。摘要是论文的概述，结论是工作所产生的成果的总结。可以以项目符号列表的形式来罗列结论。

(8) 致谢。

感谢在想法、技术、材料或资金上提供支持的人。

致谢应当尽可能全面，给出全名及其工作单位。

(9) 参考文献。

需要引用前人所做的主要工作、引用他人的理论、数据时需要注明来源。

参考文献必须完整，包含姓名、年份、标题、期刊名等信息。

参考文献告诉了读者引用信息的来源。即使你的工作只是修改了前人的理论或者模型，也需要引用它。

参考文献有不同的格式，中文版图书和期刊等参考文献的格式可参考相应的国家标准，如 GB/T 7714—2015。

(10) 图片。

流程图用来展示方法和过程，示意图用于展示设备的工作方式或说明模型及机理，图纸和照片用于展示设备、微观结构等。数据也可绘制图片来展示。

任何一个浏览你文章的人都会看图片及其图注。图注需要尽可能地包含独立信息，并为其指明标题(写在图片上)以及包含更多信息的图注(图片下方)。确保图片的标签、单位等信息正确，并且不会因图片的放大和缩小而变得难以辨认。

(11) 附录。

附录是用于描述在正文中会打乱文章结构的内容，如必要的推导或大量数据表或是描述具体试验的过程等。它的结构应当是完整且独立，如

附录 A1：硬度方程

当你写到这里时，你已经完成了很多工作。将草稿在一旁放置至少48小时，绘制图表、打印照片、整理参考文献。先不要修改文本。最好有一个清单，来帮助你检查工作的完成程度。

## 8.5 写作细节

### 8.5.1 语法

语法告诉读者单词的功能及其关系。错误的语法会导致内容表述不佳，可能引起读者误解。以下是写作时需要注意的语法要点。

1) 词性

词性是单词功能的描述符，总共有如下8种：

(1) 名词(noun)：名词表示人、事、物、地点或抽象概念的统一名称。

(2) 代词(pronoun)：代词是指代名词或一句话的一种词类，如他、他们等。

(3) 形容词(adjective)：表示人或事物的性质、状态、特征或属性，用于修饰名词。

(4) 动词(verb)：表示存在或动作。

(5) 副词(adverb)：指用以修饰动词、形容词或副词，以表示时间、频率、范围、语气、程度的词。

(6) 连接词(conjunction)：用来连接词与词、词组与词组或句子与句子，表示某种逻辑关系的虚词。

(7) 介词(preposition)：位于名词或代词之前，用来说明事物间的各种关系，或者表示对象、地点、时间、方向、方式等意思的虚词。

(8) 感叹词(interjection)：表示说话时喜悦、惊讶等情感的词。

2) 句子结构

一个简单的句子具有主语和谓语，具体举例说明如表 8-1 句子具体举例说明所示。

**表 8-1　句子具体举例说明**

| 主　　语 | 谓　　语 |
|---|---|
| 这个例子 | 失败了 |
| 测量结果 | 分为两类 |
| 疲劳载荷 | 导致结构损伤 |

在英文写作中，还需要注意以下语法：短语和从句、复合句、复杂句、that 和 which 的使用等。

### 8.5.2　拼写

对拼写和语法的检查，可使用计算机上的语法检查器，可以帮助发现一些潜在的错误。

### 8.5.3 标点符号

标点符号告诉了读者如何解读句子。好的句子结构和标点符号会使阅读更为流畅。标点符号是优秀的写作工具。下述内容给出了一些标点符号的简介。

1）句号

句号的形式是“。”。

(1) 句号用于句尾，表示陈述语气。使用句号主要根据语段前后有较大停顿、带有陈述语气和语调，并不取决于句子的长短。

(2) 句号有时也可表示较缓的祈使语气和感叹语气。

2）逗号

逗号的形式是“，”。

逗号将两个单词或句子较大的部分分开，表示句子或语段内部的一般性停顿。忘记你听过的关于逗号的规则，当需要改善句子的结构时就使用它即可。

3）分号

分号的形式是“；”。

当逗号不够用，又无须使用句号时，可以用分号进行分割。在大多数情况下，分号用于分割紧密连接的独立从句。

(1) 分号表示复句内部并列关系的分句（尤其当分句内部还有逗号时）之间的停顿。

(2) 分号表示非并列关系的多重复句中第一层分句（主要是选择、转折等关系）之间的停顿。

(3) 分号用于分项列举的各项之间。

4）冒号

冒号的形式是“：”。

(1) 冒号用于总说性或提示性词语(如“说”“例如”“证明”等)之后,表示提示下文。

(2) 冒号表示总结上文。

(3) 冒号用在需要说明的词语之后,表示注释和说明。

5) 叹号

叹号的形式是“!”。

(1) 叹号用于句子末尾,主要表示感叹语气,有时也可表示强烈的祈使语气、反问语气等。

(2) 叹号用于拟声词后,表示声音短促或突然。

6) 问号

问号的形式是“?”。

(1) 问号用于句子末尾,表示疑问语气(包括反问、设问等疑问类型)。

(2) 选择问句中,通常只在最后一个选项的末尾用问号,各个选项之间一般用逗号隔开。

7) 连接号

连接号的形式有短横线“-”、一字线“—”和浪纹线“~”三种。

(1) 标示下列各种情况均用短横线:化合物的名称或表格、插图的编号;连接号码,包括门牌号码、电话号码,以及用阿拉伯数字表示年月日等;在复合名词中起连接作用;某些产品的名称或型号;汉语拼音、外来语内部的分合。

(2) 标示相关项目(如时间、地域等)的起止,一般用一字线。

(3) 标示数值范围(由阿拉伯数字或汉字数字构成)的起止,一般用浪纹线。

8) 破折号

破折号的形式是“——”。

(1) 破折号标示注释内容或补充说明。

(2) 破折号标示插入语。

(3) 破折号标示总结上文或提示下文。

(4) 破折号标示话题的转换。

(5) 破折号标示声音的延长。

(6) 破折号标示话语的中断或间隔。

(7) 破折号标示引出对话。

(8) 破折号标示事项列举分承。

(9) 破折号用于引文、注文后,标示作者、出处或注释者。

9) 引号

引号的形式是““””。

(1) 引号标示语段中直接引用的内容。

(2) 引号标示需要着重论述或强调的内容。

(3) 引号标示语段中具有特殊含义而需要特别指出的成分,如别称、简称、反语等。

10) 撇号

撇号的形式是“'”。

撇号用于英文中表示占有。

11) 圆括号

圆括号的形式是“()”。

圆括号可用于补充各类的材料以保持写作的科学性。

(1) 圆括号标示注释内容或补充说明。

(2) 圆括号标示订正或补加的文字。

(3) 圆括号标示序次语。

(4) 圆括号标示引语的出处。

12) 方括号

方括号的形式是“[]”。

(1) 方括号用于编辑注释和参考文献等标号。

（2）方括号标示作者国籍或所属朝代。

另外，在英文写作中，用斜体强调单词或短语的重要性。

### 8.5.4 风格

好的风格可以使写作从枯燥无味变得令人难忘和具有个性化。写作风格没有特定的公式，它是因人而异的，但有一些有用的指导方针。风格是通过朴实、简单、良好的结构，以及以最容易的方式向读者传递信息的意愿来实现的。

1）写作应当清晰

写作的本质是交流。优先于其他所有品质的关键就是清晰。采用简单的语言和简洁的结构；采用短句子而非长句；采用熟悉的字和词语，而不是生僻字。当你说了什么的时候，确保你将其表述清晰了，而且不讲废话。

2）根据适当的设计开展写作

糟糕的写作缺少合理的设计，它们会将应当分别表述的观点混合一起，缺少写作的逻辑性。创作草稿给出了写作的结构：其中我们每部分的内容都有单独的放置位置。在写作时，需要决定各部分内容的去向，各内容间的逻辑关系，以及它们的组合方式。

记住你是为谁写作的。告诉他们想知道的事，而不是他们已经知道的或者是不想知道的。

3）定义一切

定义所有的符号和缩写，举例如下：

> 质量 $m$ 与 $E/\rho$ 成比例，其中 $E$ 是杨氏模量，$\rho$ 是密度……

4）避免空话

避免使用空话，因为它们会使得内容失去意义。

5）修改

修改也是写作的一部分。没有人能一次就写得很完美，有些需要反复修改。文中看似最自然的部分也是最需要重写的。不要害怕修改，初稿的目的仅仅是把所有的东西都写下来，修改和提炼才是论文的真谛。

6）不要过度夸大，过度强调或者道歉

所有的这些都会削弱读者对你内容的信心，如

本文质疑断裂力学的基本假设……

这会让读者不信任。

7）避免居高临下或古怪的语言

写作时要注意写作的意义和实质，而不是作者的情绪或幽默感。如果文笔扎实，写得好，作者的性格就会显现出来。要实现自己的写作风格，不要在文中刻意展现自己的风格。

8）采用合适的语言

尽量采用标准符号和术语。如即使在文中进行了相应的说明，但是将杨氏模量记为 $G$ 也会使人混淆。

尽可能少地使用缩写。

避免行话。行话是该领域的秘密语言，它排除了其他领域的读者，只面向行业内的人。一些行话是不可避免的，有时新的概念需要新的词语，但是不要为了试图表明自己是内部人士而刻意使用这些词语。

9）好的开头

不要以陈词滥调作为开头。尝试在第一行中加入新的事实、新的想法或者是具有启发性的比较。如

> 泡沫金属的强度低于其理论预测值。理论模型很好地预测了聚合物结构的强度,但将泡沫金属的强度高估了 2～5 倍。本研究揭示了误差产生的机理,更具体地说……

前两个句子很好地引出了问题,第三句说明了此论文将介绍什么工作。这样再介绍具体的工作就会显得关联性更强。

10）寻求有用的例子和类比

> 铁磁性材料(如钢材)可以通过脉冲磁场来承受冲击载荷。

在上面的例子中,钢材的例子就使概括更为具体。

> 滚动摩擦的原因之一是材料阻尼。一个滚动的球的表面会变形。如果变形所做的功通过阻尼耗散了,那么就形成了一个阻碍运动的摩擦力。这就如同骑自行车经过沙子:与沙子的摩擦将能量耗散了。

在这里,自行车的比喻是合适的,它将一个科学问题与一个人们熟知的事件关联上。

11）连接句子

段落中的每一个句子都应该在逻辑上连接到下一个句子。

当你阅读一个段落时,它在哪里感到逻辑不通顺了?为什么在这里需要暂停并重读?改什么词可以提高可读性?编辑以提高可读性。

12）阅读好的作品

当读到一个好的开头、一个恰当的类比、一个具有启发性的例子或一个表达得很好的想法时,反复阅读它。不要尝试直接模仿它,但是可以观察作者是如何做到的,一点一滴地学习别人的写作技巧。

## 8.6 PPT 撰写技巧

对于工程师来说，除了撰写正式的报告和论文外，还经常需要撰写 PPT。也许有的工程师认为：不要在 PPT 上花太多时间，不要搞形式主义。在一定程度上，这样的认知确实没错，但 PPT 作为一个展示工具，本身是中性的，每一个工程师都逃脱不了它，还是需要正确面对。对于商用航空发动机工程师来说，写好 PPT 类似于设计一个产品，也需要识别客户，永远要记住，PPT 是为了给他人看的。

撰写 PPT 技巧和上述撰写思路基本一致，也要进行详细的策划和不断完善。具体撰写技巧如下：

1）明确 PPT 的应用场景

做 PPT 前，首先要明确 PPT 的应用场景，比如是用来演讲还是汇报的。如果是做一场演讲，却做了汇报型 PPT，那么观众会非常累，并且削弱演讲的价值。如果做一场专业的技术汇报，却做了演讲型 PPT，那么观众很难理解你想要表达的内容，起不到汇报的效果。

2）PPT 的架构设计

做 PPT 最花精力的不是制作，而是前期的构思和架构设计。PPT 的本质是内容的演示，做 PPT 之前，要想想自己的内容要如何编排，才能让人更加容易理解。PPT 架构可以按照先后顺序或者总分结构来描述。比如做一个工作总结的 PPT，首先要进行过去工作的回顾，讲述获得了什么成绩以及为什么获得了这样的成绩，然后再讲述如何改进——这就是先后顺序。又比如做一个公司宣传的 PPT，应该是公司介绍、发展概况、客户介绍、产品介绍等——这就是总分结构。可以借鉴撰写论文的方法，借助思维导图来描述想要表达的内容。

3）PPT 内容编写

PPT 不是 word，不能把所有的文字都往里面填。一般来说，应对文字稿进行精简并进行总结提炼，看看是否能变成若干个关键词、短句子、示意图，通过图像化或者形象化传递给听众，尽量不用大段的文字描述。

4) PPT 美观

PPT 格式要干净，尽可能做到看图说话，用最少的字表达所要表达的事情；PPT 字体要大，让读者容易看清楚，比如最小字体要大于 18 号，用雅黑字体；PPT 要统一全文色彩，颜色与主题以及 PPT 背景相搭配。

需要补充说明的是，工程师的 PPT 尽量做到简洁和清晰，不宜花里胡哨。

## 8.7 本章小结

撰写报告/论文/建议书/PPT 是工程师的基本能力。注意写作的清晰度，确保写出的内容完全表达出了自己的想法。永远记住你的读者是谁，采用他们最容易理解的方式来表达你的想法。

# 参考文献


[1] 斯坦利·胡克. 我是怎么设计航空发动机的[M]. 王岭,陈娇,译. 上海:上海交通大学出版社,2018.

[2] ASHBY M. How to write a paper[M]. 6th ed. Cambridge: [s. n.], 2005.

[3] 国际标准化组织质量管理和质量保证委员会. GB/T19000,质量管理体系 基础和术语[S]. 北京:国际标准化组织,2000.

[4] 国际标准化组织质量管理和质量保证委员会. AS9100,质量管理体系 航空、航天和国防组织的要求[S]. 北京:国际标准化组织,2016.

[5] 国际标准化组织质量管理和质量保证委员会. ISO9001,质量管理体系 要求[S]. 北京:国际标准化组织,2015.

[6] 孙远新,朱鸿乔,王少坤,等. 航天测控领域质量意识现状分析及培养途径[J]. 质量与可靠性,2018(2):25-32.

[7] 中国质量协会. 全面质量管理[M]. 4版. 北京:中国科学技术出版社,2018.

# 索　引

S



T



W



X



Y



Z